中等职业学校教学用书（计算机技术专业）

Windows 2000 中文版应用基础
（第 3 版）

魏茂林　主编

电子工业出版社
Publishing House of Electronics Industry
北京·BEIJING

内 容 简 介

本书是全国中等职业学校计算机技术专业的教材。本书根据 Windows 2000 中文版的特点，结合许多实例介绍 Windows 2000 的常用功能与使用方法。全书共分 10 章，主要包括认识 Windows 2000 操作系统、文件和文件夹管理、基本的汉字输入法、Windows 常用设置、Windows 附件程序的使用、软件和硬件的安装、磁盘和用户的管理、网络配置与资源共享、Internet Explorer 浏览器的使用、Outlook Express 电子邮件管理等内容。每章都给出了大量的思考与练习题，以加深学生对所学知识的理解，提高学生对计算机的操作能力。

本书不仅可以作为全国中等职业学校计算机技术专业的教材，还可以作为各类培训班的培训教材和计算机操作入门人员的学习用书。

本书还配有电子教学参考资料包（包括教学指南、电子教案及习题答案），详见前言。

图书在版编目（CIP）数据

Windows 2000 中文版应用基础/魏茂林主编. —3 版. —北京：电子工业出版社，2010.8
中等职业学校教学用书. 计算机技术专业
ISBN 978-7-121-11443-4

Ⅰ. ①W… Ⅱ. ①魏… Ⅲ. ①窗口软件，Windows 2000—专业学校—教材 Ⅳ. ①TP316.7

中国版本图书馆 CIP 数据核字（2010）第 142493 号

策划编辑：关雅莉
责任编辑：柴 灿 张 广
印　　刷：北京京师印务有限公司
装　　订：
出版发行：电子工业出版社
　　　　　北京市海淀区万寿路 173 信箱　邮编　100036
开　　本：787×1 092　1/16　印张：11　字数：281.6 千字
印　　次：2010 年 8 月第 1 次印刷
印　　数：6 000 册　定价：18.00 元

凡所购买电子工业出版社图书有缺损问题，请向购买书店调换。若书店售缺，请与本社发行部联系，联系电话：（010）68279077；邮购电话：（010）88254888。

质量投诉请发邮件至 zlts@phei.com.cn，盗版侵权举报请发邮件至 dbqq@phei.com.cn。

服务热线：（010）88258888。

前 言

　　常用操作系统的使用与管理是计算机技术专业的一门必修基础课程，也是学习其他计算机专业课程的基础。Windows 2000 是微软公司开发的桌面计算机操作系统，在我国有着最广泛的用户。为使中等职业学校学生更好地适应计算机技术发展和社会需求，全面贯彻以服务为宗旨、以就业为导向的思想，突出对实践能力的培养，本教材在修订时强化了操作性内容。

　　本教材从强调实用性和操作性的角度出发，注重学习知识、寻找方法，直至解决问题的全过程，将教师讲授的内容与实际应用相结合，使学生易于理解与掌握；主要内容包括认识 Windows 2000 操作系统，文件和文件夹管理，基本的汉字输入法，Windows 常用设置，Windows 附件程序的使用，软件和硬件的安装，磁盘和用户的管理，网络配置与资源共享，Internet Explorer 浏览器的使用，Outlook Express 电子邮件管理等。对原教材的部分内容及章节安排进行了全面的修改，增加了许多新的内容，删除了一些理论性太强的知识，更加注重操作能力的培养。

　　本书的特点主要体现在以下几个方面。

　　（1）教材按照"任务驱动式"教学方法进行设计。章节中增加了具体的实例，并对实例展开分析，最后给出具体的操作步骤。这样设计使一般操作与具体任务相结合，突出实用性，有利于提高学生解决实际问题的能力。

　　（2）每章开篇给出了本章的主要内容，这样有利于学生全面了解本章的知识结构。

　　（3）对于操作技巧和注意事项，通过"提示"方式呈现给读者，有利于提高操作能力。

　　（4）增加了一些具体实用的知识，删除了一些理论性太强的知识内容。例如，因为 Windows 2000 可以作为工作站使用，所以增加了连接局域网、局域网连接到 Internet 等方面的内容；删除了介绍 Windows 2000 性能特点等有关内容；由于目前软磁盘的使用越来越少，本书对有关软磁盘的操作内容不再介绍。

　　（5）每章给出了"阅读资料"。这些资料与本章的内容有关，以扩大知识面和增加学习兴趣，供读者课外阅读。

　　（6）每章给出了大量的思考与练习题，包括填空题、选择题、简答题、操作题等题型。有些题目是对教材内容的补充，便于学生进行探究性学习，全面理解所学的知识。

　　（7）在教材的编写过程中，力求文字精练、结构清晰、图表丰富、操作步骤翔实。

　　本书不仅可以作为全国中等职业学校计算机技术专业的教材，还可以作为各类培训班的教学用书和计算机操作入门人员的学习用书。

　　本书由魏茂林主编，参加本书编写的还有枣庄矿业集团公司一中王彬（第 1 章）和赵云东（第 2 章），全书由中国海洋大学高丙云主审。本书在编写过程中得到了许多同行的大力支持，在此表示感谢。

为了方便教师教学，本书还配有教学指南、电子教案及习题答案（电子版），请有此需要的教师登录华信教育资源网（www.huaxin.edu.cn 或 www.hxedu.com.cn）免费注册后进行下载，有问题请在网站留言板留言或与电子工业出版社联系（E-mail:hxedu@phei.com.cn）。

　　由于作者水平有限，经验不足，书中难免存在不少缺点和错误，希望各学校在实际教学过程中提出宝贵意见。

编　者

2010 年元月于青岛

目 录

第1章 认识 Windows 2000 操作系统

Windows 2000 是微软公司开发的新一代操作系统。它建立在 Windows NT 的基础上，包含了 Windows NT 的多数优点和体系结构，并且增加了许多新功能，具有更强的安全性、更高的稳定性和更好的系统性能。同时它结合 Windows 9x 的用户界面，以帮助用户更加容易地使用、安装和配置系统，浏览 Internet 信息等。

本章的主要内容包括：
- 认识 Windows 2000 操作系统。
- 启动和关闭 Windows 2000 操作系统。
- 鼠标的使用方法。
- 认识 Windows 2000 桌面的组成。
- 认识"开始"菜单的组成。
- 窗口和对话框的组成与基本操作。
- 使用工具栏。
- 菜单的分类与约定。

1.1 认识 Windows 2000

1.1.1 了解 Windows 2000

Windows 2000 是微软公司开发的一个重要的操作系统，其中文版于 2000 年 3 月 20 日正式在全球开始发售。Windows 2000 操作系统采用 Windows NT 的技术，并进行了大量的改进，使得 Windows 2000 操作系统比此前版本的 Windows 操作系统更加可靠、更易扩展、更易组织、更易管理、更易使用。

Windows 2000 操作系统有两大类共四种操作系统。第一类为工作站平台，即 Windows 2000 Professional。在商业环境中，该产品作为 Windows 2000 的客户端操作系统代替了 Windows 95/98、Windows NT Workstation。第二类为服务器平台，Windows 2000 服务器平台包括 Windows 2000 Server、Windows 2000 Advanced Server、Windows 2000 Datacenter Server。

Windows 2000 Server 除了包含 Windows 2000 Professional 的所有特性外，还能提供简单的网络管理服务，比较适合于在一般的网络环境下构建文件和打印服务器、Web 服务器。

Windows 2000 Advanced Server 除包含 Windows 2000 Server 的所有特性外，还提供了更好的可靠性和可扩展性，支持更多的内存和处理器协同工作，具有群集等功能，比较适合于在大型企业和对数据库要求比较高的网络环境中应用。

Windows 2000 Datacenter Server 包含有 Windows 2000 Advanced Server 的所有特性，可支持更为强大的内存和处理器管理，适用于大型数据仓库、在线事务处理等重要应用。

本书介绍 Windows 2000 Professional（简称 Windows 2000）的操作与使用方法。

1.1.2 启动和退出 Windows 2000

如果计算机系统已经安装了 Windows 2000 操作系统，当打开计算机电源开关后就可以登录到 Windows 2000。如果已经有一个用户账户，可以使用该账户和密码登录。如果没有用户账户，则通过在安装过程中已选定的 Administrator 账户和密码登录。

1. 启动 Windows 2000

安装 Windows 2000 后首次启动 Windows 2000 时，系统会提示用户进行登录和设置口令。如果用户始终是以单用户方式进行工作，那么可以设置不进行登录。在启动系统之后，屏幕显示如图 1-1 所示的对话框。

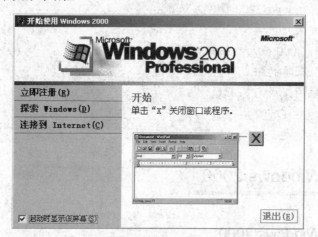

图 1-1 "开始使用 Windows 2000" 对话框

单击该对话框右上角的"关闭"按钮 ✕ 或右下角的"退出"按钮，关闭该对话框，进入 Windows 2000 的桌面，如图 1-2 所示。如果取消左下角的"启动时显示该屏幕"复选框的选择，则在下次启动 Windows 2000 时，不再显示该对话框，直接启动 Windows 2000 进入系统。

> 提示　"开始使用 Windows 2000"对话框的左侧窗格中含有"立即注册"、"探索 Windows"和"连接到 Internet"三个选项。当鼠标指针指向一个选项并单击，就会转到相应的内容上。例如，单击"连接到 Internet"选项，屏幕出现"Internet 连接向导"，可以帮助用户将计算机连接到 Internet。

图 1-2　Windows 2000 的桌面

2．退出 Windows 2000

退出 Windows 2000 系统，不能直接关闭电源，否则容易造成应用程序损坏及数据的丢失，甚至造成系统瘫痪。正确的方法是先关闭所有打开的应用程序，保存系统设置，最后关闭计算机电源。具体的操作步骤如下。

（1）单击桌面左下角的"开始"按钮，打开"开始"菜单，如图 1-3 所示。

（2）单击"关机"菜单命令，系统弹出如图 1-4 所示的"关闭 Windows"对话框。在下拉列表中选择"关机"，可退出操作系统并关闭计算机。

图 1-3　"开始"菜单

图 1-4　"关闭 Windows"对话框

在"关闭 Windows"对话框的下拉列表中，系统提供了注销、关机、重新启动、等待、休眠等选项。

① 注销：关闭计算机的所有程序，保存用户更改的 Windows 设置，然后注销当前用户账号，重新登录系统。

② 关机：保存用户更改的 Windows 设置，并将当前存储在内存中的信息保存在硬盘中，然后关闭计算机。

③ 重新启动：保存用户更改的 Windows 设置，并将当前存储在内存中的信息保存在硬盘中，然后重新启动计算机。

④ 等待：为了降低计算机设备的损耗，使计算机在空闲时节省电能，但又保持在随时可使用状态。在等待期间，计算机内存中的信息不会保存到硬盘上。如果电源中断，内存中的信息将会丢失。在选择计算机进入等待状态前，一般先要保存自己的程序及数据。

⑤ 休眠：保存用户更改的 Windows 设置，并将当前存储在内存中的信息保存在硬盘中，然后关闭计算机。与关机不同，当重新启动计算机时，桌面将还原到计算机休眠前的状态。对于使用笔记本电脑的用户，设置使用休眠功能，还可以减少电源消耗，延长电池使用寿命。

> **提示** 如果计算机支持"休眠"功能，通过双击"控制面板"中的"电源选项"图标命令，打开"电源选项属性"对话框，在"休眠"选项卡中选择该选项，则在关闭计算机时打开的"关闭 Windows"对话框的下拉列表中就会出现该选项。

1.2 使用鼠标

鼠标是计算机操作中最常用的输入设备。在 Windows 环境中，除了输入文字之外，其他操作几乎都可以通过操作鼠标来实现。目前鼠标主要有机械式和光电式两种类型。现在使用的鼠标除了有左右两个按键外，中间还有一个滚轮，这为操作计算机提供了方便。

人们一般习惯用右手操作鼠标，在实际工作桌面上进行拖动，鼠标在屏幕上显示为一个指针，指针随着鼠标在实际工作桌面上的移动而移动。根据鼠标指针指向的当前对象和操作不同，鼠标指针的形状也不相同。表 1-1 列出了常用的鼠标操作方法。

表 1-1 常用的鼠标操作方法及含义

操作方法	含 义
指向	移动鼠标，将指针移到一个对象上。例如，指向文件名或文件夹图标
单击	指向屏幕上的一个对象，然后按下鼠标左键并快速放开。一般用于选择一个对象
双击	指向屏幕上的一个对象，然后快速连续按下鼠标左键两次。双击操作可以在屏幕上打开一个对话框或运行一个应用程序
右击	指向屏幕上的一个对象，然后按下鼠标右键并快速放开。右击操作一般在屏幕上弹出一个快捷菜单
拖动	指向屏幕上的一个对象，按住鼠标左键的同时移动鼠标到另一个位置放开。拖动操作可以选择、移动并复制文件或对象
滚动	使用鼠标中间滚轮，在窗口中移动操作对象的上下位置，相当于移动窗口右侧的垂直滚动条

> **提示** 鼠标的左右键功能可以通过"控制面板"打开"鼠标属性"对话框进行相互转换，以适应左手、右手的不同操作；同时还可以设置指针的形状、移动和双击的速度等。

1.3 认识 Windows 2000 桌面

1.3.1 Windows 2000 桌面组成

"桌面"是启动 Windows 2000 后首先看到的屏幕显示（如图 1-2 所示）。桌面是用户进行计算机操作的窗口，用户的所有操作几乎都是根据桌面的显示完成的。桌面主要由桌面背景、桌面图标、任务栏等组成。桌面背景主要用来美化屏幕，用户可以设置自己喜爱的图片作为屏幕背景。桌面图标主要由"我的文档"、"我的电脑"、"网上邻居"、"回收站"、"Internet Explorer"等组成。另外，桌面上也可以放置一些文件、文件夹及其快捷方式等。桌面的最底部的长条区域是 Windows 的任务栏，主要包含"开始"按钮、快速启动工具栏、当前运行的程序、当前打开的文件夹、通知区域等。

1.3.2 常见的桌面图标

桌面图标是位于桌面上的应用程序、文档、文件夹及其他信息的图形表示。在 Windows 2000 系统和应用程序安装后，在桌面上会自动产生一些文件夹、常用应用程序的图标，如"我的电脑"、"回收站"、"Microsoft Word"、"Microsoft Excel"等桌面图标。

1. "我的电脑"

"我的电脑"是 Windows 2000 桌面上的一个重要图标，主要用于管理计算机的硬件设备。通过操作"我的电脑"，可以访问和设置计算机系统中的全部内容。例如，快速浏览硬盘、软盘、CD-ROM 驱动器和映射网络驱动器的内容等。双击桌面上"我的电脑"图标，打开如图 1-5 所示的"我的电脑"窗口。在该窗口中显示计算机中所有的驱动器和"控制面板"图标，双击其中的一个驱动器图标，窗口会显示该驱动器中包含的文件和文件夹。另外，"我的电脑"窗口还提供了"我的文档"、"网上邻居"、"网络和拨号连接"的超链接地址。

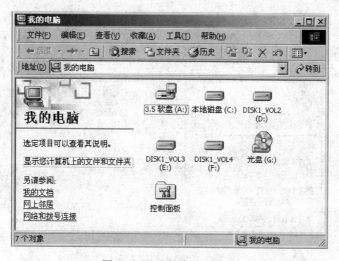

图 1-5   "我的电脑"窗口

2．"我的文档"

"我的文档"是一个文件夹图标。该文件夹是系统默认的存放用户文档、图片或其他文件的一块磁盘区域。例如，在使用 Word 应用程序编辑保存用户文档时，系统默认的保存位置是"我的文档"。该文件夹中包含一个名为"My Pictures"的子文件夹，是系统默认用来保存图片的。用户可以设置它的共享属性，更改它对应的目标文件夹的位置，默认的路径是"C:\Documents and Settings\My Documents"。

3．"回收站"

"回收站"用来暂时保存硬盘上被删除的文件。在通常情况下，用户在删除磁盘文件等项目时，屏幕将会给出提示信息，确定是否将要删除的内容存放在"回收站"中。当用户确认要删除该文件时，系统会将要删除的文件放入"回收站"。在"回收站"空间允许的情况下，这些文件将一直保留在"回收站"中，直至清空"回收站"。"回收站"主要有还原和清空两种操作功能。还原操作是将"回收站"中被删除的项目恢复到原位置；清空"回收站"操作是将被删除的文件从磁盘上永久删除，不能恢复。

Windows 系统为每个硬盘或分区分配一个"回收站"。通过"回收站属性"对话框，可以改变"回收站"的容量大小，也可选择"删除文件时不移入回收站，而是直接删除"等选项。

> 提示　在进行删除操作时，如果要进行彻底删除操作，可以先选中要删除的一个或多个文件，然后按下"Shift+Del"组合键，则选中删除的文件不存放在"回收站"而是从磁盘上直接彻底删除。

4．"网上邻居"

如果计算机与网络相连接，可以使用"网上邻居"中的网络资源，操作方法与浏览自己计算机内容的方法一样，如图 1-6 所示。通过双击"整个网络"图标可以浏览网络上所有

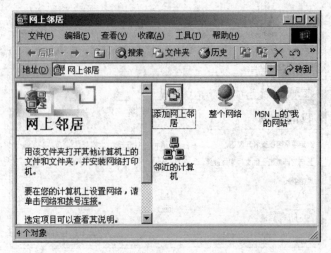

图 1-6　"网上邻居"窗口

可利用的资源，例如，域或工作组中的计算机、打印机、文件夹等。通过双击"添加网上邻居"图标可以连接到共享文件夹、Web 页或 FTP 站点。通过双击"邻近的计算机"图标可以浏览工作组内的计算机和网络资源。

5．"Internet Explorer"

通过双击"Internet Explorer"浏览器图标，可以查找并显示 Internet 上的信息和 Web 站点。

除了在安装 Windows 2000 系统时自动在桌面上建立的图标外，用户也可以将常用的应用程序、文件或文件夹等，直接复制到桌面（但不提倡这样做）或通过建立快捷方式的方法在桌面上添加快捷方式。

1.3.3　认识任务栏

桌面最底部的长条区域是 Windows 2000 的任务栏，主要包括"开始"按钮、快速启动工具栏、当前运行的程序、当前打开的文件夹、通知区域等，如图 1-7 所示。

"开始"按钮　快速启动工具栏　　　　当前运行的程序　　当前打开的文件夹　　　　　　通知区域

图 1-7　Windows 2000 任务栏

任务栏显示了已经打开的窗口和程序的按钮，即使有些已被最小化或隐藏在其他窗口的后面，但通过单击任务栏上的按钮，可以方便地在不同窗口或程序之间切换。

1．改变任务栏的位置和大小

（1）改变任务栏的位置时，将鼠标指向任务栏上的空白处，按住鼠标左键可以将任务栏拖放至桌面的上、下、左、右四个边缘位置。

（2）改变任务栏的大小时，将鼠标指向任务栏靠屏幕内侧的边线，这时鼠标指针变为双箭头形状，按住鼠标左键拖动任务栏可以改变其大小。

2．切换任务

Windows 2000 是一个多任务操作系统，允许同时运行多个应用程序，如 Word 文档、Excel 文档、"我的电脑"等，但位于前台的任务只有一个。通过单击任务栏上当前需要控制的应用程序按钮或图标，可以方便地切换前台任务。

> 提示　切换任务的另一种方法是按住 Alt 键，再连续按 Tab 键选定想要切换的应用程序图标，放开 Tab 键和 Alt 键，这时选定的应用程序就会作为前台任务。

1.4　认识"开始"菜单

单击 Windows 2000 桌面上的"开始"按钮，屏幕上弹出"开始"菜单，如图 1-8 所示。

"开始"菜单上显示了一列命令和快捷方式列表，可以用来启动程序、打开文档、设置系统、搜索信息、获得帮助等。"开始"菜单中一些项目带有向右的箭头，则表明该项目带有子菜单。将鼠标指针指向该项目上时，系统自动打开子菜单。由于每台计算机的设置不同，因此出现的"开始"菜单可能会有所不同。

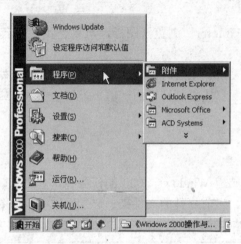

图 1-8　"开始"菜单

1. "Windows Update"菜单项

"Windows Update"菜单项是用来将计算机上的系统文件更新为最新版本，有助于计算机更快、更好地运行。单击"开始"菜单中的"Windows Update"命令，将打开 Internet Explorer 浏览器，通过该浏览器窗口直接进入 Windows Update 站点下载最新的 Windows 2000 系统信息，如图 1-9 所示。要进入 Windows Update 站点，用户必须先将计算机连接到 Internet。

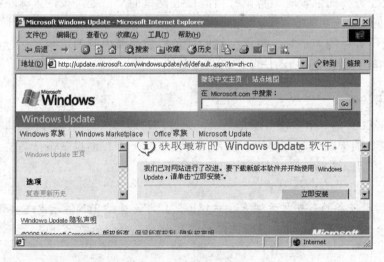

图 1-9　"Windows Update"站点

2. "程序"菜单项

在"程序"菜单项的各子菜单中包含了大部分 Windows 2000 应用程序、附件及启动程序等。在通常情况下，用户在安装应用程序后，在"程序"菜单项中都会出现应用程序名。要运行某个应用程序，将鼠标指针指向"程序"菜单项或其子菜单中的应用程序名并单击，即可运行该应用程序。例如，通过单击"程序"菜单项"附件"子菜单中的"画图"命令，即可启动"画图"应用程序。

3."文档"菜单项

"文档"菜单项包括最近打开过的文件，单击这些文件可以打开与其关联的应用程序。例如，使用 Word 应用程序编辑过的 doc 格式文档。"文档"菜单项的子菜单顶部是"我的文档"文件夹，它指向系统默认的"My Documents"文件夹，用来存储默认的文档。

4."设置"菜单项

"设置"菜单项包括"控制面板"、"网络和拨号连接"、"打印机"、"任务栏和开始菜单"四个选项。

（1）单击"控制面板"命令，打开"控制面板"窗口，可以对计算机软、硬件资源的属性进行设置。

（2）单击"网络和拨号连接"命令，可建立拨号连接，连接到其他计算机、局域网或 Internet。

（3）单击"打印机"命令，可添加、删除和设置本地或网络打印机。

（4）单击"任务栏和开始菜单"命令，可设置任务栏，自定义"开始"菜单的属性。

5."搜索"菜单项

"搜索"菜单项包括"文件或文件夹"、"在 Internet 上"、"使用 Microsoft Outlook"和"用户"四个选项。使用这些选项命令，可以搜索文件或文件夹、网络上的其他计算机用户或 Internet 上的共享资源等。

6."帮助"菜单项

通过"帮助"菜单项，可以打开 Windows 2000 的"帮助"窗口，获得 Windows 2000 详细的帮助信息。

7."运行"菜单项

通过"运行"菜单项，打开如图 1-10 所示的"运行"对话框。在"打开"文本框中，键入要运行程序的路径和名称，然后单击"确定"按钮，即可直接运行该程序。

图 1-10　"运行"对话框

1.5　认识窗口与对话框

1.5.1　认识 Windows 2000 窗口

1．Windows 2000 窗口的组成

Windows 系统以窗口的形式管理各类项目，大多数应用程序都有相应的工作窗口，构成窗口的组件基本上是相同的。一个典型的窗口如图 1-11 所示，由标题栏、菜单栏、工具栏、工作区和状态栏等组成。还有一些与系统管理相关的应用程序窗口具有 Web 风格（如"我的电脑"、"资源管理器"等），用户可以通过双击方式打开一个文件、文件夹或应用程序，在窗口中可以查看文件夹、计算机上的其他资源，还可以在应用程序窗口中创建自己的文件。

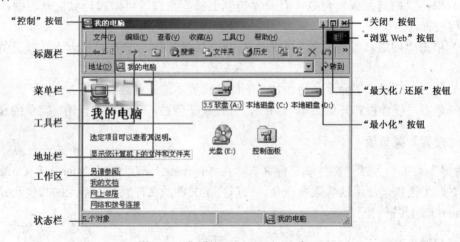

图 1-11　典型的 Windows 2000 窗口

①"控制"按钮：单击该按钮可以打开"控制"菜单，通过"控制"菜单的这些命令可以移动窗口、改变窗口大小、最小化/最大化/还原及关闭窗口。

② 标题栏：显示窗口所属的应用程序名称。

③ 菜单栏：常用于显示应用程序的菜单名称，由多个菜单项组成。

④ 工具栏：常用的命令按钮，每个命令按钮可以完成一个特定的操作。

⑤ 工作区：用于对窗口项目进行控制操作或应用程序的输入与输出。

⑥ 状态栏：对当前窗口状态进行描述，通过它可以了解当前操作或应用程序运行的有关信息。

⑦"最小化"按钮：单击该按钮，窗口将被最小化为任务栏中的一个图标。

⑧"最大化/还原"按钮：单击"最大化"按钮，窗口将以全屏的方式显示。如果窗口被最大化后，单击"还原"按钮，可以恢复到窗口原来的大小。

⑨"关闭"按钮：单击该按钮，将关闭窗口。

⑩"浏览 Web"按钮：单击该按钮，将进入 Internet Explorer 浏览器窗口。

有时在窗口的底部、状态栏上可能有一个水平滚动条，在工作区的右侧有一个垂直滚动

条，同时滚动条的两端有滚动按钮。滚动条或滚动按钮是由系统窗口的大小决定的，当窗口的大小容纳不下其中的内容时，才会在窗口中出现滚动条或滚动按钮。通过拖动滚动条或单击滚动按钮，可以浏览窗口中的所有内容。

2．改变窗口大小

在计算机的操作过程中，有时需要经常调整窗口的大小，而不是简单的最大化或最小化窗口。调整窗口大小的操作步骤如下。

（1）将鼠标指针指向窗口的边框，根据指向位置的不同，鼠标指针会变成如表 1-2 所示的不同形状。

表 1-2　调整窗口大小时鼠标指针的形状及其功能

指针在窗口位置	指针形状	功　　能
上、下边框	↕	沿垂直方向调整窗口大小
左、右边框	↔	沿水平方向调整窗口大小
四个对角	↘ ↗	沿对角线方向调整窗口大小

（2）按下鼠标左键，并拖动鼠标至适当的位置，然后放开。将鼠标移到窗口的边角上，指针变为对角双向箭头时，可对窗口的长和宽同时进行缩放。

（3）单击窗口标题栏并按住鼠标左键，拖动窗口移到任意位置。

移动窗口时，可以单击窗口左上角的"控制"按钮，从弹出的"控制"菜单中选择"移动"命令，这时鼠标指针变为 ✛ 形状，然后使用键盘上的上、下、左、右四个方向键移动窗口。

1.5.2　认识 Windows 2000 对话框

对话框是一种特殊的 Windows 窗口，由标题栏和不同的元素对象组成。用户可以从对话框中获取信息，系统通过对话框获取用户的信息。对话框可以移动，但不能改变其大小。

对话框标题栏的右上角有两个按钮，一个是"关闭"按钮 ✕ ，单击它可以关闭对话框；另一个是"帮助"按钮 ❓ ，用户可以通过单击它获得对话框中有关选项的帮助信息。一个典型对话框通常由以下元素对象组成，如图 1-12 所示。

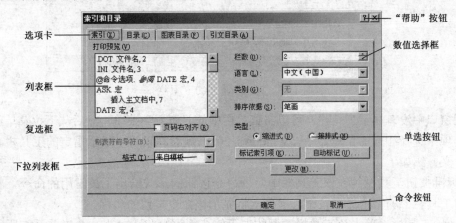

图 1-12　典型的 Windows 2000 对话框

① 命令按钮：单击命令按钮，能够完成该按钮上所显示的命令功能。例如，"确定"、"取消"按钮等。

② 文本框：可以直接输入数据信息。例如，输入新建文件的名称等。

③ 列表框：列表框列出所有的选项，供用户选择其中的一组。

④ 下拉列表框：下拉列表框是一个右侧带有下箭头的单行文本框。单击该箭头，出现一个下拉列表，用户可以从中选择一个选项。

⑤ 单选按钮：单选按钮是一个左侧带有一个圆形的选项按钮，有两个以上的选项排列在一起，它们之间相互排斥，只能选定其中的一个。

⑥ 复选框：复选框是一个左侧带有小方框的选项按钮，用户可以选择其中的一个或多个选项。

⑦ 选项卡：一个选项卡代表一个不同的页面。

⑧ 数值选择框：由一个文本框和一对方向相反的箭头组成，单击向上或向下的箭头可以增大或减小文本框中的数值，也可以直接从键盘上输入数值。

⑨ "帮助"按钮：单击"帮助"按钮，这时鼠标指针带有"？"号，将指针指向对话框中的一个元素对象上单击，系统会给出该对象所要完成功能的提示信息。

1.6　使用工具栏

在 Windows 2000 窗口中，可以将经常使用的命令以文件的形式放到窗口的工具栏中，这些命令包括"移至"、"复制到"、"删除"等。在 Windows 2000 窗口中常见的工具栏有标准按钮工具栏、地址工具栏、链接工具栏和电台工具栏，如图 1-13 所示。

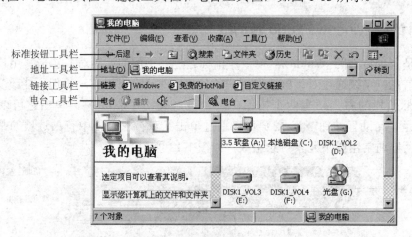

图 1-13　Windows 2000 工具栏

如果窗口中没有显示工具栏，可单击菜单栏中的"查看"菜单，然后从下拉菜单的"工具栏"选项中选择相应的菜单命令，Windows 2000 就会在窗口中显示指定的工具栏。各工具栏的含义介绍如下。

① 标准按钮工具栏：在该工具栏中，以命令按钮的形式给出了最常用的命令，将鼠标指针指向工具栏中的某个命令按钮，屏幕上将显示该命令按钮的名称。

② 地址工具栏：单击该工具栏右侧的向下箭头，屏幕将下拉出一个当前系统所能访问

的地址列表，选择一个地址，Windows 2000 就会跳转到相应的地址。

　　③ 链接工具栏：在该工具栏中，以按钮的形式给出了用户经常访问的 Web 地址。单击某个 Web 地址按钮，Windows 2000 就会转到 Internet Explorer 中，并在浏览器中打开相应的 Web 页。

　　④ 电台工具栏：通过该工具栏，用户可以收听网上的电台。

　　如果要自定义工具栏，单击菜单栏的"查看"菜单，然后从下拉菜单中选择"工具栏"的"自定义"选项命令，打开"自定义工具栏"对话框，如图 1-14 所示。

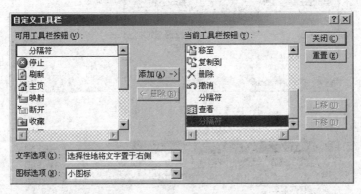

图 1-14　"自定义工具栏"对话框

用户可以自己设置工具栏的内容，使工作环境更加个性化。

1.7　认识菜单

　　菜单是一些相关命令的集合。在 Windows 系统中，大多数的操作是通过菜单来完成的。菜单中包含的命令称为菜单命令或菜单项，有些菜单项可以直接执行，还有一些菜单项后面有向右的小箭头，表明这个菜单项包含一个子菜单。

1.7.1　菜单类型

Windows 2000 中的菜单主要有下拉菜单和快捷菜单两种类型。

1. 下拉菜单

Windows 中的菜单一般是按实现的功能进行分类或分组的。每个菜单都有一个与实现功能相近的菜单名称，所有菜单名称的集合组成了一个菜单栏。单击菜单栏中的菜单项，大都会出现一个下拉菜单，如图 1-15 所示。

2. 快捷菜单

通过单击鼠标右键在屏幕上弹出的菜单称为快捷菜单。快捷菜单中所包含的命令与当前选择的对象有关。因此，用鼠标右击不同的对象时将弹出不同的快捷菜单。例如，右击"我的电脑"窗口中的空白区域，屏幕上会弹出一个快捷菜单，如图 1-16 所示。

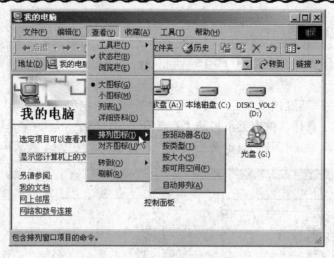

图 1-15　下拉菜单及其子菜单

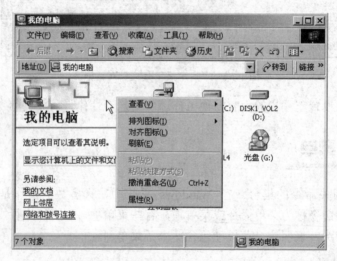

图 1-16　快捷菜单

利用快捷菜单，可以迅速地选择要操作的菜单命令，提高操作速度。

1.7.2　菜单命令的约定

Windows 菜单命令有多种不同的显示形式，不同显示形式的菜单代表不同的含义。

1．带有组合键的菜单命令

菜单栏中菜单项后带有下划线的字母，又称为热键，表示在键盘上按 Alt 键和该字母键就可以打开该菜单。例如，在如图 1-17 所示的窗口中，要打开"编辑"菜单项，除了单击该菜单项外，可以直接按"Alt+E"组合键，打开"编辑"菜单。

有些菜单命令的右侧列出了以"Ctrl+字母"来表示的组合键，又称快捷命令，用户可以直接使用快捷命令执行该菜单命令的功能（如图 1-17 所示）。

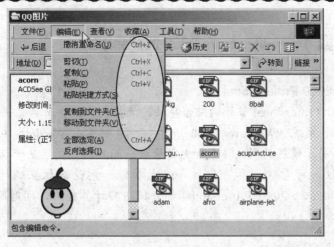

图 1-17　带有组合键的菜单命令

2．带有右向箭头和省略号的菜单命令

如果菜单命令的右边有一个指向右侧的箭头，表示该菜单包含子菜单，将鼠标指针指向它将显示子菜单命令。例如，在如图 1-18 所示的"查看"菜单的"排列图标"菜单项带有右向箭头，表示含有下一级子菜单。

有些菜单命令后带有省略号（...），表示单击该菜单命令，屏幕会弹出一个对话框，通过该对话框可以选择要执行的操作。

3．带有选中标记的菜单命令

图 1-18　带有右向箭头和省略号的菜单命令

在某些菜单命令的左侧带有复选标记"√"或单选标记"●"，表示该菜单命令当前是激活的。菜单命令中的复选标记表示用户可以同时选择多个同组的菜单命令。菜单命令中的单选标记表示用户只能选择同组中的一个菜单命令。

4．灰色显示的菜单命令

在 Windows 中，如果菜单命令的名称标题呈黑色显示，表示用户可以执行该命令；如果菜单命令的名称标题呈灰色显示，表示该命令在当前选项的情况下是不可用的。例如，在如图 1-16 所示的快捷菜单中的"粘贴"命令呈灰色显示，表示该命令当前不可用。

5．菜单命令的分组

在一个下拉菜单中，菜单命令被 n 条分隔线分成几个组，每一组中的菜单命令表示具有相同或相近的特性。例如，在如图 1-17 所示"编辑"下拉菜单中，菜单命令被分成四个不同的组。

阅读资料 1——Windows 2000 族产品简介

1. Windows 2000 Professional

Windows 2000 Professional 较强的综合特性，使其成为企事业单位中台式计算机和笔记本电脑上的主流操作系统。Windows 2000 Professional 继承了 Windows 98 最优秀的产品特色：如即插即用、易于使用的用户界面和电源管理。而且还汇集了基于 Windows NT 的技术：标准的安全性、可管理性和可靠性等强大功能。无论在独立的计算机上还是通过 Internet 来使用 Windows 2000 Professional 都会提高其计算能力，同时降低计算机系统的总成本。

2. Windows 2000 Server

Windows 2000 Server 是为服务器开发的多用途操作系统，可为部门工作小组或中小型公司用户提供文件打印、软件应用、Web 功能和通信等各种服务。微软公司通过 Windows 2000 Server 操作系统提供一种同时具有改进性和创新性的产品。改进性表现为 Windows 2000 Server 建立于 Windows NT 4.0 操作系统的良好基础之上；创新性表现为 Windows 2000 Server 设置了操作系统与 Web、应用程序、网络、通信和基础设施服务之间良好集成的一个新标准。

3. Windows 2000 Advanced Server

Windows 2000 Advanced Server 是一种面向在线商务及电子商务应用所提供的服务器操作系统，可以提供创建具备高度可用性与伸缩性的系统解决方案所必需的功能。由于该服务器平台有助于确保系统解决方案处于持续可用状态，因此，必将成为商务企业运行所依赖的应用程序的理想选择。不仅如此，该操作系统还适用于需要高性能服务器的应用环境，与 Windows 2000 Server 相比较能够为更多的处理器和更大的内存容量提供支持。

Windows 2000 Advanced Server 还为改进系统可用性提供了两种群集技术：群集服务与网络负载平衡。群集服务可用于将两台服务器连接起来，以便在其中一台服务器发生故障的情况下将工作负载转移至另一台服务器。该技术手段主要适用于需要确保无间断运行的应用程序。而网络负载平衡则可帮助用户将处理任务在最多可容纳 32 台服务器的群集范围内进行分配，并在此基础上为用户的 Web 站点处理导入通信量或为终端服务提供支持。

4. Windows 2000 Datacenter Server

Windows 2000 Datacenter Server 操作系统不但为业务和电子商务提供了最高的可用性和规模等级，而且为大型网络公司、应用服务供应商、企业客户及其他商业解决方案可靠性要求苛刻的用户提供了最佳的投资价值。除具有 Windows 2000 Advanced Server 的特性外，它还提供了以下特性：

（1）支持多达 32 路的对称多处理（SMP）。

（2）支持多达 64 GB 的物理内存。

（3）以标准特性的形式提供 4 节点群集和负载平衡服务。

（4）提供物理地址扩展（PAE），极大地扩充了物理内存。

（5）包含 Winsock Direct，增强系统区网络（SAN）中的高速通信。Winsock Direct 具备技

术无关性，由它提供的高速互连可以通过新硬件极大地提高性能，并且无须重写应用程序。

（6）包含 Process Control（过程控制）工具，这一新的任务对象管理工具通过可命名、可保护、可继承、可共享的过程控制对象，预防了可能的内存泄露和其他负面影响。

Windows 2000 Datacenter Server 还提供了所有 Windows 2000 Server 操作系统都具有的丰富的 Internet 和网络操作系统（NOS）服务。它专为大型数据仓库、计量经济学分析、大规模科学工程模拟、联机事务处理（OLTP）和服务器合并进行了优化。Windows 2000 Datacenter Server 专为那些需要高可靠性高端服务器和软件的企业设计，并为高流通量计算机网络中的运行进行了优化。

 思考与练习1

1．填空题

（1）Windows 2000 是微软公司开发的一个重要的操作系统，其产品族有两大类共四种操作系统。第一类工作站平台，代表产品有_____等；第二类服务器平台，代表产品有_____等。

（2）Windows 2000 可以为用户提供_____、_____、_____、_____和_____五种关闭 Windows 方式。

（3）常用的鼠标操作方式有_____、_____、_____、_____、_____和_____。

（4）Windows 2000 常见的桌面图标有"我的文档"、_____、_____、_____和_____等。

（5）Windows 2000 任务栏主要包括"开始"按钮、_____、_____、_____和_____等。

（6）Windows 2000 中的窗口一般由_____、_____、_____、_____、_____和_____等组成。

（7）桌面上的图标就是某个应用程序的快捷方式。如果要启动该程序，只需_____该图标即可。

（8）使用鼠标调整窗口大小的方法有：沿垂直方向调整、_____和_____。

（9）右击桌面空白处打开快捷菜单，该菜单共分_____组，_____菜单包含子菜单。

（10）Windows 2000 窗口中常见的工具栏有_____、_____、_____和_____等。

（11）Windows 2000 中的菜单主要有_____和_____两种类型。

（12）Windows 2000 中，名字前带有_____记号的菜单选项表示该项已经选用，在同组的这些选项中，只能有一个且必须有一个被选用。

（13）在下拉菜单中，凡是选择了后面带有省略号（…）的命令，都会出现一个_____。

（14）在桌面上创建_____，以达到快速访问某个常用项目的目的。

2．选择题

（1）Windows 2000 的整个显示屏幕称为（　　）。

    A．窗口　　　　　　　B．操作台　　　　　　C．工作台　　　　　　D．桌面

（2）在 Windows 2000 中，可以打开"开始"菜单的组合键是（　　）。

    A．Ctrl+O　　　　　　B．Ctrl+Esc　　　　　C．Ctrl+空格键　　　　D．Ctrl+Tab

（3）在 Windows 2000 中，能弹出对话框的操作是（　　）。

    A．选择带省略号的菜单项

    B．选择带向右三角形箭头的菜单项

C. 选择颜色变灰的菜单项

D. 运行与对话框对应的应用程序

（4）在 Windows 2000 窗口的菜单项中，有些菜单项前面有"√"，它表示（　　）。

    A. 如果用户选择此命令，则会弹出下一级子菜单

    B. 如果用户选择此命令，则会弹出一个对话框

    C. 该菜单项当前正在被使用

    D. 该菜单项不能被使用

（5）在 Windows 2000 窗口的菜单项中，有些菜单项呈灰色显示，它表示（　　）。

    A. 该菜单项已经被使用过   B. 该菜单项已经被删除

    C. 该菜单项正在被使用   D. 该菜单项当前不能被使用

（6）在 Windows 2000 中能够打开帮助信息窗口的快捷键是（　　）。

    A. Ctrl+F1   B. Shift+F1   C. F3   D. F1

（7）在桌面上要移动 Windows 窗口，可以用鼠标拖动该窗口的（　　）。

    A. 标题栏   B. 边框   C. 滚动条   D. "控制"按钮

（8）在 Windows 2000 中，下列关于文档窗口的说法中正确的是（　　）。

    A. 只能打开一个文档窗口

    B. 可以同时打开多个文档窗口，被打开的窗口都是活动窗口

    C. 可以同时打开多个文档窗口，但其中只有一个是活动窗口

    D. 可以同时打开多个文档窗口，但在屏幕上只能见到一个文档窗口

（9）在 Windows 2000 操作系统中，单击当前窗口的"最小化"按钮后，该窗口将（　　）。

    A. 消失   B. 被关闭   C. 缩小为图标   D. 不会变化

（10）窗口被最大化后如果要调整窗口的大小，正确的操作是（　　）。

    A. 用鼠标拖动窗口的边框线

    B. 单击"还原"按钮，再用鼠标拖动边框线

    C. 单击"最小化"按钮，再用鼠标拖动边框线

    D. 用鼠标拖动窗口的四角

（11）在 Windows 2000 中，应用程序窗口和文档窗口的"控制"按钮位于窗口的（　　）。

    A. 左上角   B. 右上角   C. 左下角   D. 右下角

（12）在 Windows 2000 操作中，单击鼠标右键，会（　　）。

    A. 弹出一个快捷菜单   B. 弹出一个对话框

    C. 弹出一个窗口   D. 弹出帮助信息

（13）在 Windows 2000 中，单击"控制"按钮，其结果是（　　）。

    A. 打开"控制"菜单   B. 关闭窗口   C. 移动窗口   D. 最大化窗口

（14）Windows 2000 的窗口和对话框相比，窗口可以移动和改变大小，而对话框（　　）。

    A. 既不能移动也不能改变大小   B. 可以移动，不能改变大小

    C. 仅可以改变大小，不能移动   D. 既能改变大小，也能移动

（15）在 Windows 2000 中，当一个窗口已经最大化后，下列叙述中错误的是（　　）。

    A. 该窗口可以被关闭   B. 该窗口可以移动

    C. 该窗口可以最小化   D. 该窗口可以还原

（16）在 Windows 2000 中，下列叙述不正确的是（　　）。

    A．"控制"按钮位于窗口左上角，不同的应用程序有不同的图标

    B．不同应用程序的"控制"菜单的命令项是不同的

    C．不同应用程序的"控制"菜单的命令项是相同的

    D．可以使用鼠标打开"控制"菜单，还可以使用"Alt+空格"组合键打开

（17）在 Windows 中，任务栏（　　）。

    A．只能改变位置不能改变大小　　　　B．只能改变大小不能改变位置

    C．既不能改变位置也不能改变大小　　D．既能改变位置也能改变大小

（18）在 Windows "开始"菜单的"文档"命令项中存放的是（　　）。

    A．最近建立的文档　　　　　　　　　B．最近打开过的文件夹

    C．最近打开过的文档　　　　　　　　D．最近运行过的程序

3．简答题

（1）在关闭 Windows 2000 操作系统时，"关机"、"注销"和"等待"命令有什么不同？

（2）鼠标有哪几种操作方法？

（3）你的 Windows 2000 桌面有哪些图标？

（4）Windows 2000 桌面的"我的文档"是一个文件夹吗？它有什么功能？

（5）"回收站"用来暂时保存硬盘上被删除的文件，这些文件占用磁盘空间还是内存空间？

（6）Windows 2000 的"开始"菜单由哪些项目组成？

（7）如何将一个可执行的程序文件添加到"程序"菜单中？

（8）一个 Windows 2000 窗口一般由哪几部分组成？

（9）Windows 中有哪些常见的菜单形式？呈灰色显示的菜单命令有什么含义？

（10）Windows 中的复选框和单选按钮有什么不同？

4．操作题

（1）在关闭 Windows 2000 操作系统时分别选择"注销"、"等待"、"休眠"和"重新启动"命令，观察四种操作有什么不同。

（2）利用鼠标的拖放功能，将桌面上的某个图标拖放到快速启动工具栏中，然后再把它放回原处。

（3）双击桌面上的"我的文档"图标，观察打开的窗口，指出窗口各组成部分的名称，然后分别单击窗口右上角的"最小化"、"最大化"和"关闭"按钮，观察窗口发生怎样的变化。

（4）打开"我的电脑"窗口，并完成移动窗口、改变窗口大小、排列窗口（打开多个窗口）、最大化、最小化、关闭窗口等操作。

（5）在"我的电脑"窗口，单击"查看"菜单观察其中能打开对话框的菜单项，观察含有下一级子菜单的菜单项。

（6）在"我的文档"窗口，选择一个文件图标，分别进行单击、双击、右击，观察有什么现象发生。

（7）在"我的电脑"窗口，分别浏览"文件"菜单和"编辑"菜单，观察所包含的菜单命令。

（8）打开"开始"菜单，观察"开始"菜单的构成，并查看最近打开过的文档。

第 2 章　文件和文件夹管理

在 Windows 2000 中，通过"资源管理器"和"我的电脑"对计算机中的文件、文件夹等资源进行管理，可以把文件存储在文件夹中，可以移动、复制、重命名，甚至搜索文件和文件夹，对磁盘进行维护等。

本章的主要内容包括：
- 使用"资源管理器"。
- 文件和文件夹的基本概念。
- 文件和文件夹的基本操作。
- 创建文件和文件夹的快捷方式。
- 查找文件和文件夹。
- 压缩文件和文件夹。

2.1　"资源管理器"

"资源管理器"是 Windows 中的一个重要的管理工具，能同时显示文件夹列表和文件列表，便于用户浏览和查找本地计算机、局域网以及 Internet 上的资源。使用"资源管理器"可以创建、复制、移动、发送、删除和重命名文件或文件夹。例如，可以打开要复制或者移动其中文件的文件夹，然后将文件拖动到另一个文件夹或驱动器中，还可以创建文件或文件夹的快捷方式。

2.1.1　打开"资源管理器"

打开"资源管理器"的方法很多，常用的操作方法是单击"开始"→"程序"→"附件"→"Windows 资源管理器"命令，打开"资源管理器"窗口，如图 2-1 所示。

图 2-1　"资源管理器"窗口

☞**提示**　打开"资源管理器"的另一种方法是：用鼠标右击 Windows 桌面上"我的电脑"图标或"开始"按钮，从弹出的快捷菜单中，单击"资源管理器"命令，可以打开"资源管理器"窗口。

2.1.2　使用"资源管理器"

1．认识"资源管理器"

"资源管理器"窗口自上而下依次是标题栏、菜单栏、工具栏、地址栏、列表窗口和状态栏等。

在通常情况下，"资源管理器"窗口分为左右两个部分，以树状结构显示计算机上的所有资源，如图 2-1 所示。左侧是文件夹列表窗格，一般是按层次显示所有的文件夹，它包括本地的磁盘驱动器和网上邻居的可用资源。右侧是已选择左侧文件夹的内容列表窗格，单击左侧窗格中的一个文件夹，右侧窗格中就会显示该文件夹所包含的所有项目。这样就可以通过浏览窗口找到所需打开的文件夹。

用户可以方便地调整窗口的大小和位置。操作方式是将鼠标指针移到窗口的边框上，当指针变为双向箭头时，按住并拖动鼠标，可以任意改变窗口的大小。拖动标题栏，可以移动整个窗口的位置。

☞**提示**　"资源管理器"的左右两个窗格可以通过移动中间的分隔条来调整大小。具体操作方法是将鼠标指针指向分隔条，当指针变为←→形状时，按住鼠标左键，左右拖动分隔条，从而调整左右窗格的大小。

2．使用文件夹列表

在"资源管理器"窗口左侧文件夹列表中，大部分图标前面都有一个"+"或"−"符号。

①"+"：表示该文件夹中还含有子文件夹。

②"−"：表示该文件夹是一个已经展开的文件夹。

单击"+"号，可以展开该文件夹，显示其所包含的子文件夹，展开后的文件夹左边的"+"号变为"−"。单击"−"号可折叠文件夹下的子文件夹，这时的"−"变为"+"符号，如图 2-2 所示。

"资源管理器"窗口中文件夹列表的显示是可以控制的。单击文件夹列表窗格标题栏的✖图标，则关闭文件夹列表。关闭文件夹列表后，单击工具栏的"文件夹"命令按钮，可以重新显示文件夹列表。

3．设置文件与文件夹的显示方式

在"资源管理器"中，通过"查看"菜单中的"大图标"、"小图标"、"列表"、"详细资料"和"缩略图"选项，可以设置文件或文件夹列表的显示方式，如图 2-3 所示。选择"大图标"和"列表"命令显示文件及文件夹列表，排列方式分别如图 2-3 和图 2-4 所示。

图 2-2　展开与折叠文件夹列表

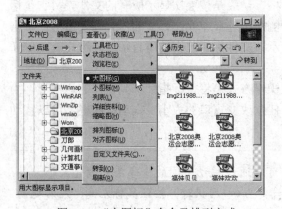

图 2-3　"大图标"命令及排列方式

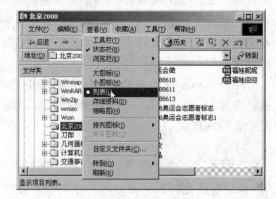

图 2-4　"列表"命令及排列方式

① 大图标：以多行、大图标方式显示文件及文件夹的名称。

② 小图标：以多行、多列、横排方式显示文件及文件夹的名称。

③ 列表：以多行、多列、竖排方式显示文件及文件夹的名称。

④ 详细资料：以单列方式显示文件和文件夹的详细信息，包括文件或文件夹的名称、大小、类型、建立或修改的时间等信息。单击列表上方的"名称"、"大小"、"类型"或"修改时间"按钮，文件和文件夹会按相应的信息进行升序或降序排列。

⑤ 缩略图：以图标方式显示文件和文件夹的名称。一般用于显示图像文件夹中的文件，能够快速查看不同的图像文件。

另外，当磁盘或文件夹中的内容进行了增删操作时，可以通过"查看"菜单中的"刷新"命令，重新显示磁盘或文件夹中的内容。

2.2　文件和文件夹的基本概念

在计算机系统中，用户数据和各种信息都是以文件的形式存在的。文件是具有某种相关信息的集合，文件可以是一个应用程序（如"写字板"、"画图"程序等），可以是用户自己编辑的文档、数据文件（如使用"写字板"建立的文本文件等），还可以是一些由图形图像处理程序建立的图形与图像文件等。

2.2.1 文件

【例 2-1】在计算机上打开"资源管理器",查看文件和文件夹的图标。

分析:在 Windows 2000 中,文件可以划分为多种类型,如文本文件、程序文件、图像文件、多媒体文件、数据文件等,每一种文件都对应相应的图标。

操作步骤如下。

打开"资源管理器",在"我的文档"或磁盘分区中浏览并查看各种文件的图标和文件夹图标。常见的不同类型的文件和文件夹图标如表 2-1 和表 2-2 所示。

一个文件存储在计算机中都要有一个文件名,文件名一般由名字和扩展名两部分组成。名字和扩展名之间用"."分开。例如,文件名"Mynote.txt",其中"Mynote"是文件名字,"txt"是扩展名。Windows 2000 支持长文件名,文件名允许达到 255 个字符,可以包括除"/ \ < > : | *″?"之外的任何字符,并能包括多个空格和多个句点".",最后一个句点之后的字符被认为是文件的扩展名。例如,"music.txt.doc"和"music.doc.txt"都是 Windows 2000支持的文件名,是两个不同类型的文件。

文件的扩展名是区分文件类型的主要标记。表 2-1 列出了常见的文件扩展名及其图标。

表 2-1 常见的文件扩展名及其图标

图标	扩展名	文件类型	图标	扩展名	文件类型
	doc	Word 文档文件		xls	Excel 电子表格文件
	html	HTML 文件		txt	文本文件
	bmp	位图文件		avi	视频剪辑文件
	exe	程序文件		ppt	PowerPoint 幻灯片文件
	mdb	Access 数据库文件		rar	一种压缩文件

☞ **提示** 同一磁盘的同一文件夹中不允许有相同名称的两个或多个文件、文件夹存在。

2.2.2 文件夹

一台计算机中的文件数量往往很多,包括系统文件、应用程序文件、用户建立的数据文件等,因此,对于计算机用户来说,学会管理和组织计算机中的文件是非常重要的。

Windows 2000 中使用文件夹来组织管理文件。文件夹(DOS 系统中称为目录)在计算机中呈一种树状结构,一个文件夹可以包含多个下一级的文件夹。例如,"我的电脑"可以看做一个文件夹,它包含有多个磁盘驱动器,每个驱动器中又包含有多个不同的文件夹。桌面可以看做最顶层的文件夹,下一级文件夹包括"我的文档"、"我的电脑"、"网上邻居"等。

文件夹的命名与文件的命名规则相同,文件夹名中也可以使用扩展名。在计算机中每个磁盘驱动器都用一个字母来表示，例如，软盘驱动器用"A:"来表示；主硬盘驱动器用"C:"来表示。如果硬盘有多个分区，按照字母"D:"、"E:"等顺序编排下去。在表示 一个文件的存储结构时，磁盘驱动器与文件夹之间、文件夹与文件夹之间、文件夹与文件名之间要用一个"\"来分隔。例如，"C:"驱动器中文件夹"Myfile"下的文件"Mynote.txt"，可以表示为"C:\Myfile\ Mynote.txt"。

　　磁盘驱动器中每个文件夹可以包含多个文件夹和文件，同一层的文件夹或文件名不能同名。表 2-2 列出了常见的文件夹图标。

表 2-2　常见的文件夹图标

图标	文件夹类型	图标	文件夹类型
	用户文件夹		"我的文档"文件夹
	"My Pictures"文件夹		"打印机"文件夹
	共享文件夹		"回收站"文件夹（满）

　　提示　在通常情况下，文件夹窗口中显示的文件只包含图标和文件名（不含扩展名）。如果要显示文件的扩展名，单击该文件夹窗口菜单栏的"工具"→"文件夹选项"命令，打开"文件夹选项"对话框。在"查看"选项卡中取消"隐藏已知文件类型的扩展名"复选框中的对钩"√"，如图 2-5 所示。单击"确定"按钮，关闭"文件夹选项"对话框，在文件夹窗口中列出的文件包含图标、文件名和扩展名。

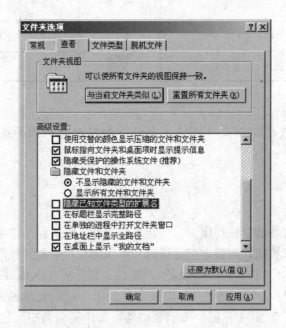

图 2-5　"文件夹选项"对话框

阅读资料 2——Windows 2000 **中常见的文件类型**

1．数据文件

数据文件一般是由 Windows 应用程序生成的。例如，由"记事本"创建的文本文件、由 Microsoft Word 创建的 doc 格式文档等。文本文件又称为 ASCII 码文件，由字母和数字组成，其扩展名为"txt"。

2．程序文件

程序文件由可执行的代码组成，其扩展名一般为"com"或"exe"。

3．图像文件

Windows 中的图像文件可以分为两大类：一类为位图文件，另一类为矢量图文件。前者以点阵形式描述图形与图像，后者是以数学方法描述的一种由几何元素组成的图形与图像。位图文件在有足够的文件量的前提下，能真实细腻地反映图片的层次、色彩，缺点是文件体积较大。一般说来，适合描述照片。矢量图文件的特点是文件量小，并且任意缩放而不会改变图像质量，适合描述图形。常见的图像文件有 bmp 格式文件（由 Microsoft Windows 所定义的图像文件格式）、gif 格式文件（Graphics Interchange Format，图形交换格式）、tif/tiff 格式文件（Tag Image File Format，标记图像格式）、ico 格式文件（Icon File，Windows 的图标文件格式）、jpg/jpeg 格式文件（Joint Photographic Expert Group，24 位的图像文件格式，也是一种高效率的压缩格式）、psd 格式文件（Adobe PhotoShop Document，PhotoShop 中使用的一种标准图形文件格式）等。

4．多媒体文件

多媒体文件的类型众多，通常指数字形式的声音和视频文件。声音文件最基本的格式是 wav（波形）格式。视频（电影、动画）文件是将整个视频流中的每一幅图像逐幅记录，信息量大得惊人。avi 格式文件可以把视频信号和音频信号同时保存在文件中，在播放时，音频和视频同步播放。常见的多媒体文件格式还有：cda（最近似于原声的音频文件格式，常用于 CD 光盘）、wav（Windows 提供的声音波形文件格式）、avi（Windows 提供的音视频交织文件格式）、mid（MIDI 文件）、mp3（按 MPEG2 标准进行压缩的音频文件格式）、ram/ra（由 Real Networks 公司开发的流式音频与视频文件格式）、mpg/mpeg（活动图像专家组制定的压缩视频文件格式）等。

2.3　文件和文件夹的基本操作

使用 Windows 的"资源管理器"时，最常用的是对文件和文件夹进行操作。对文件和文件夹的基本操作有打开、复制、移动、重命名、删除与恢复等操作。通过这些操作，可以方便地对磁盘文件进行管理。

2.3.1　打开文件或文件夹

在对文件或文件夹进行操作之前，一般应选中文件或文件夹。如果打开某文件夹窗口后，所需要的文件或文件夹没有显示在窗口时，拖动滚动条或单击滚动按钮就能够浏览所需要的对象。

（1）选择一个文件或文件夹：单击要选中的文件或文件夹。

（2）选择多个连续的文件或文件夹：先单击第一个文件或文件夹，再按住 Shift 键，然后单击最后一个要选中的文件或文件夹，这两个文件或文件夹之间的所有项目都被选中。

（3）选择多个不连续的文件或文件夹：按住 Ctrl 键，逐个单击要选择的文件或文件夹，直到所有需要的文件或文件夹被选中为止。

当选中要打开的文件或文件夹后，单击菜单栏"文件"菜单中的"打开"命令，也可以双击文件或文件夹，打开文件或文件夹。如果打开的文件属于 Windows 2000 注册类型的数据文件，系统将自动启动相应的应用程序来打开。例如，打开一个 Word 文档时，系统自动启动 Microsoft Word 应用程序。如果打开的文件是可执行的应用程序，系统直接运行该程序。如果打开文件夹，则显示文件夹中的内容。

2.3.2　新建文件或文件夹

1．新建文件夹

在"资源管理器"窗口，选择要创建文件或文件夹的磁盘驱动器或文件夹，然后按下列方法新建文件夹。

单击"文件"→"新建"→"文件夹"命令，如图 2-6 所示，系统在选中的磁盘驱动器或文件夹下产生一个文件夹图标，文件夹自动命名为"新建文件夹"。

图 2-6　新建文件夹

> 📖提示　新建文件夹的另一种方法是：在选中的磁盘驱动器或文件夹的空白区域，单击鼠标右键，在弹出的快捷菜单中选择"新建"→"文件夹"命令，新建一个名为"新建文件夹"的文件夹。

新创建的文件夹中没有任何文件或文件夹，是一个空的文件夹。

2．新建文件

新建文件可以通过运行应用程序来建立。例如，使用 Word 应用程序创建自己的文档，该文档的扩展名为"doc"。使用应用程序建立的文件扩展名一般由系统默认指定，用户也可以不通过运行应用程序而直接建立文件，操作步骤如下。

（1）打开要新建文件的文件夹窗口，在窗口的空白处右击，从弹出的快捷菜单中选择要建立的文件类型。也可以单击"文件"菜单中的"新建"命令，从子菜单中选择要建立文件的类型。例如，选择"Microsoft Word 文档"选项，如图 2-6 所示。

（2）此时在窗口中出现一个新建文件，用户可以重新命名文件名，按 Enter 键确定。

2.3.3　重命名文件或文件夹

在文件操作过程中，有时需要对文件或文件夹进行重命名。重命名文件或文件夹的操作步骤如下。

（1）在"资源管理器"窗口中选择要重命名的文件或文件夹。

（2）单击"文件"菜单中的"重命名"命令，或再一次单击该文件名或文件夹名，在文件名或文件夹名上出现闪烁光标。

（3）在闪烁光标处直接键入新的文件名或文件夹名，然后按 Enter 键确认。

2.3.4　复制、移动、发送文件或文件夹

1．复制文件或文件夹

为了避免计算机中重要数据的损坏或丢失，需要对指定的文件或文件夹中的数据进行备份。

复制文件或文件夹的方法很多，使用菜单方式复制文件或文件夹的操作方法如下。

（1）打开"资源管理器"，选中要复制的文件或文件夹。

（2）单击"编辑"菜单中的"复制"命令，然后打开要复制文件或文件夹的目标位置。

（3）单击"编辑"菜单中的"粘贴"命令，完成复制操作。

如果在复制文件或文件夹的目标位置上已经存在同名文件或文件夹，系统自动在复制的文件名或文件夹名前加上"复件"两字。

复制操作后的源文件或文件夹不发生任何变化。

2．移动文件或文件夹

移动文件或文件夹与复制文件或文件夹的操作类似，但结果不同。移动操作是将文件或文件夹移动到目标位置上，同时在原来的位置上不再保留源文件或文件夹。

移动文件或文件夹的方法很多，使用菜单方式移动文件或文件夹的操作方法如下。

（1）打开"资源管理器"，选中要移动的文件或文件夹。

（2）单击"编辑"菜单中的"剪切"命令，然后打开要移动文件或文件夹的目标位置。

（3）单击"编辑"菜单中的"粘贴"命令，完成移动操作。

> **提示**　　如果将选中的文件或文件夹复制或移动到其他文件夹中，还有一种简便的操作方法：选中要复制或移动的文件或文件夹，单击"编辑"菜单中的"复制到文件夹"或"移动到文件夹"命令，然后从打开的"浏览文件夹"对话框中选择要复制或移动的目标文件夹，单击"确定"按钮。如果目标文件夹不存在，还可以新建一个文件夹。

3．发送文件或文件夹

使用"发送到"命令可以将文件或文件夹快速地复制到软盘、我的文档、邮件接收者或桌面快捷方式。使用菜单方式发送文件或文件夹的操作方法如下。

（1）打开"资源管理器"，选中要发送的文件或文件夹。

（2）单击"文件"菜单中的"发送到"命令。

（3）在弹出的如图 2-7 所示的子菜单中，选择一个目标位置，完成发送操作。

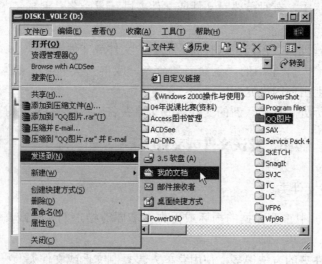

图 2-7　"发送到"菜单

发送操作实际上也是一种复制操作，发送结束后源文件或文件夹保留不变。

2.3.5　删除文件或文件夹

在使用计算机的过程中，应及时地删除不再使用的文件或文件夹，释放磁盘空间，提高运行效率。

删除文件或文件夹的方法很多，常用的删除文件或文件夹的操作方法如下。

（1）打开"资源管理器"，选中要删除的文件或文件夹。

（2）单击"文件"菜单中的"删除"命令（或单击工具栏的"删除"按钮 ✕），屏幕出现"确认文件删除"对话框，如图 2-8 所示。

（3）确定删除后，单击"是"按钮，被删除的文件或文件夹放入"回收站"；否则单击"否"按钮，则取消删除操作。

另外，在删除文件或文件夹时，可以将选中的文件或文件夹直接拖放到桌面上的"回收站"中，这时系统不给出提示信息。

图 2-8　"确认文件删除"对话框

在系统默认的状态下，删除文件或文件夹只是从原来的位置移到了"回收站"，并没有被真正地删除；只有在清空"回收站"时，才能被彻底删除，释放磁盘空间。

提示　按下 Shift 键，再进行删除操作，系统将删除所选中的文件，而且不将其放入"回收站"，也不能将其恢复，这是一种简便快捷的物理删除操作。

如果发现误删除文件或文件夹，可以利用"回收站"来还原，这样可以恢复一些误删除的文件或文件夹。还原文件或文件夹的操作步骤如下。

（1）打开"回收站"，选择要还原的文件或文件夹。

（2）单击"回收站"中的"还原"命令，或右击鼠标，在弹出的快捷菜单中选择"还原"命令，则将"回收站"中的文件或文件夹恢复到原来的位置。

2.3.6　设置文件或文件夹的属性

属性用来表示文件或文件夹的一些特性。在 Windows 2000 系统中，每个文件和文件夹都有其自身的一些信息，包括文件的类型、打开方式、位置、占用空间大小、创建时间、修改时间与访问时间、只读、隐藏或存档等属性。查看或设置文件或文件夹属性的操作步骤如下。

（1）选中要查看或设置属性的文件或文件夹。例如，选中文件"福娃"。

（2）单击"文件"菜单中的"属性"命令（或右击鼠标，从弹出的快捷菜单中选择"属性"命令），打开"福娃属性"对话框，如图 2-9 所示。

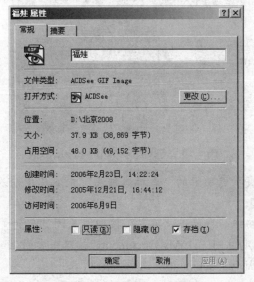

图 2-9　"福娃属性"对话框

这时可以查看或设置文件或文件夹的属性。部分选项的含义如下。

① 只读：该文件或文件夹只能被阅读，不能被修改或删除。

② 隐藏：将该文件或文件夹内的全部内容隐藏起来，如果不知道隐藏后的文件或文件夹名，将无法查看隐藏的内容。

③ 存档：将文件或文件夹存档。一些程序用此选项来确定需要制作备份。

如果打开的是"文件夹属性"对话框，该属性对话框中还包含"共享"选项卡，可以设置网络上的其他用户对该文件夹的访问和操作权限。

 阅读资料 3——"我的文档"简介

Windows 为用户在系统中预设了一个特殊的文件夹"我的文档"，以方便用户存放自己的文档，如文档、图片、音乐文件等。在 Windows 2000 中，"我的文档"是所有应用程序保存文件的默认文件夹，除非某个程序明确要求保存在指定的文件夹中，否则 Windows 2000 都会截获保存路径并将其保存到"我的文档"文件夹中。"我的文档"文件夹系统默认的目录路径是"C:\Documents and Settings\用户名\My Documents"，用户可以更改它的位置。例如，为安全起见，可以将"我的文档"文件夹定位到驱动器"D:"的"My Documents"文件夹。操作步骤如下。

（1）右击"我的文档"图标，在快捷菜单中选择"属性"命令，打开"我的文档属性"对话框，如图 2-10 所示。

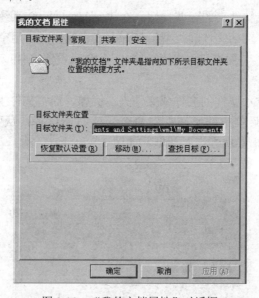

图 2-10　"我的文档属性"对话框

（2）在"目标文件夹"选项卡的"目标文件夹"文本框中输入新的目录路径，例如，输入"D:\ My Documents"。

（3）单击"移动"按钮，再单击"确定"按钮，关闭"我的文档属性"对话框。

这时，目标文件夹就定位到"D:\My Documents"。双击桌面上的"我的文档"图标，文件夹窗口中显示的是"D:\My Documents"文件夹的内容。

在"我的文档"文件夹中，Windows 2000 还设置了一个用于存储图片的文件夹"My

Pictures"。使用"My Pictures"文件夹，用户可以在不打开任何编辑或查看图片程序的情况下，浏览和管理图片。在"My Pictures"文件夹左侧窗格的下半部分是一个图像浏览窗口，如图 2-11 所示。

图 2-11　"My Pictures"文件夹

选择文件夹中的一个图片文件后，图像浏览窗口就会显示该图片的内容，还可使用浏览工具按钮以放大或缩小等方式查看图片。

2.4　创建快捷方式

在 Windows 系统下进行操作时，用户可以为磁盘驱动器、文件、文件夹或打印机等创建快捷方式。快捷方式是一个指向指定资源的指针，可以快速地打开文件、文件夹或启动应用程序，用户不必跳转到该文件或文件夹的存储位置，就可以打开该文件或文件夹，减少了用户的操作步骤，提高了工作效率。

为文件或文件夹在桌面上创建快捷方式的操作步骤如下。

（1）在"资源管理器"或"我的电脑"窗口中，选中要创建快捷方式的文件或文件夹。

（2）打开"文件"菜单，选择"发送到"→"桌面快捷方式"命令，如图 2-12 所示。这时就在桌面上创建了该文件或文件夹的快捷方式。

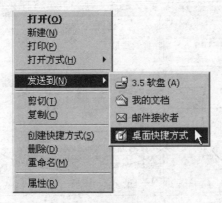

图 2-12　创建快捷方式

在选中要创建快捷方式的文件或文件夹后，如果选择"文件"菜单中的"创建快捷方式"命令（或右击鼠标，在弹出的快捷菜单中选择"创建快捷方式"命令），这时在当前文件夹中创建了快捷方式，可以将该快捷方式拖放到桌面上。

创建的快捷方式在桌面上是一个图标，并在图标的左下角有一个箭头。双击快捷方式图标，可以启动对应的应用程序或打开文件夹窗口等。

如果用户不再需要某个快捷方式时，可以将其删除。删除的方法与删除文件的方法相同。

> **提示**　创建快捷方式的另一种方法是选中要创建快捷方式的文件或文件夹，然后按住鼠标左键将其拖放到桌面，这时就会在桌面上建立该文件或文件夹的快捷方式。

2.5　查找文件或文件夹

Windows 2000 提供了查找文件或文件夹的功能，通过它可以快速地在文件、文件夹、计算机、Internet 上搜索到所需要的文件或文件夹，从而大大地提高工作效率。

【例 2-2】 计算机驱动器"E:"中含有"等级考试"文件夹，在该文件夹中查找所有 Word 文档（即扩展名为"doc"）中含有"考试大纲"的文件。

分析：Windows 2000 提供了多种查找文件或文件夹的方法，最常用的是在"资源管理器"或"我的电脑"窗口中查找。当用户忘记要打开的文件名、或只记住文件中包含的关键字、或文件建立的日期，这时都可以使用"搜索"功能查找文件。

操作步骤如下。

（1）在"资源管理器"或"我的电脑"窗口中，单击工具栏上的"搜索"按钮，或单击"开始"菜单中的"搜索"命令，打开"搜索结果"窗口。

（2）在"要搜索的文件或文件夹名为"文本框中，键入要搜索的文件或文件夹名。例如，输入"doc"。在"包含文字"文本框中输入"考试大纲"。在"搜索范围"下拉列表中选择要查找的驱动器、文件夹或网络上的用户，这里选择"E:\等级考试"，如图 2-13 所示。

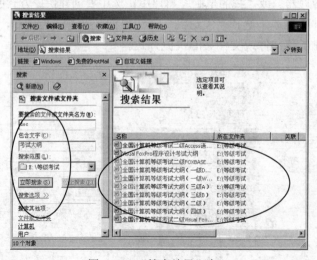

图 2-13　"搜索结果"窗口

（3）单击"立即搜索"按钮，系统开始查找，查找结果显示在右侧的搜索结果窗格中。在搜索过程中，单击"停止搜索"按钮，可随时终止搜索。

如果要指定其他查询条件，单击"搜索选项"，打开如图 2-14 所示的"搜索选项"对话框，然后对其中的选项进行相应的设置，从而缩小搜索的范围。

① 日期：该选项指定要搜索文件或文件夹创建或修改的日期范围。

② 类型：该选项指定搜索文件的类型，如文本文件、图像文件等。

③ 大小：该选项指定文件的大小。

④ 高级选项：该选项指定是否搜索子文件夹以及是否区分大小写英文字母等。

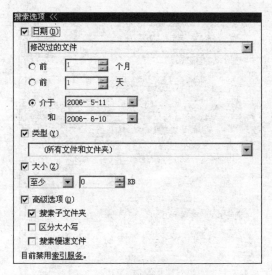

图 2-14   "搜索选项"对话框

如果搜索的文件过多，应尽量使用搜索选项，这样可以缩小搜索范围，提高搜索的速度。

提示 在查找文件或文件夹时，可以使用通配符"*"或"?"。一个"*"可以代替多个字符，一个"?"只代替一个字符。例如，查找以 My 开头的文件，可以键入"My*"，查找的结果中包括"Mymusic.mp3"、"Mybook.doc"等文件。如果键入"My?"，查找的结果中包括"My1.mp3"、"Myk.doc"等文件，而不包括"Mymusic.mp3"、"Mybook.doc"等文件。

2.6 压缩文件或文件夹

在 Windows 2000 中，可以对文件或文件夹进行压缩，以减少它们在磁盘驱动器上所占用的存储空间。如果对磁盘驱动器进行压缩，则可以减小存储在该驱动器上的文件、文件夹所占用的空间。文件被压缩后，用户仍然可以像使用非压缩文件一样，对它进行操作，几乎感觉不到差别。

2.6.1　压缩 NTFS 格式的文件和文件夹

在 Windows 2000 系统中，只能对已格式化为NTFS磁盘驱动器上的文件和文件夹进行压缩，而已格式化为 FAT16 或 FAT32 格式的磁盘驱动器及该驱动器上的文件和文件夹不支持压缩功能。压缩 NTFS 格式磁盘驱动器上文件和文件夹的操作步骤如下。

（1）右击 NTFS 格式的磁盘驱动器上的文件或文件夹（例如，选择"世界杯.doc"文档），在弹出的快捷菜单中选择"属性"命令，打开"世界杯属性"对话框，如图 2-15 所示。

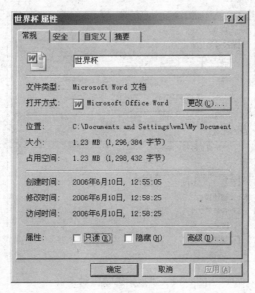

图 2-15　"世界杯属性"对话框

提示　如果没有出现"高级"按钮，说明所选的文件或文件夹不在 NTFS 格式的驱动器上。

（2）单击"高级"按钮，打开如图 2-16 所示的"高级属性"对话框，选择"压缩内容以便节省磁盘空间"复选框，单击"确定"按钮关闭"高级属性"对话框，再单击"世界杯属性"对话框上的"确定"按钮，在关闭该对话框时该文件已经被压缩。

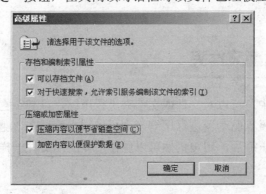

图 2-16　"高级属性"对话框

同样的方法，可以对 NTFS 格式磁盘驱动器上的文件夹进行压缩。根据对话框的提示，可以选择压缩的范围，只是该文件夹还是包含该文件夹及其子文件夹和文件，如图 2-17 所示。

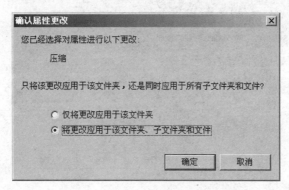

图 2-17 "确认属性更改"对话框

2.6.2 压缩磁盘驱动器

在 Windows 2000 中，可以对 NTFS 格式的磁盘驱动器进行压缩，以减小存储在该驱动器上的文件、文件夹所占用的空间。具体的操作步骤如下。

（1）在"我的电脑"窗口中，右击 NTFS 格式的磁盘驱动器，在弹出的快捷菜单中选择"属性"命令，打开该磁盘的属性对话框，如图 2-18 所示。

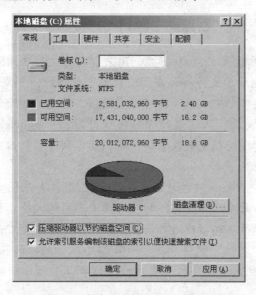

图 2-18 "本地磁盘（C:）属性"对话框

（2）选择"压缩驱动器以节约磁盘空间"复选框，单击"确定"按钮，打开如图 2-19 所示的"确认属性更改"对话框。

（3）选择仅对磁盘驱动器进行压缩，还是对磁盘驱动器及其文件夹和文件进行压缩。

用户可以对已压缩的文件、文件夹或整个磁盘驱动器进行解压缩。解压缩文件或文件夹时，打开已压缩文件或文件夹的"高级属性"对话框（如图 2-16 所示），取消选中"压缩内容以便节省磁盘空间"复选项，单击"确定"按钮，这时该文件或文件夹及其以下的文件被解压缩。解压缩整个磁盘驱动器时，在如图 2-18 所示的磁盘属性对话框中，取消选中"压缩驱动器以节约磁盘空间"复选项，则整个磁盘解除压缩。

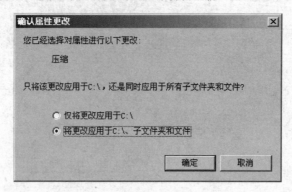

图 2-19　"确认属性更改"对话框

> **提示**　如果将文件添加或复制到已压缩的文件夹中，文件将被自动压缩。如果将文件从不同的 NTFS 驱动器移动到已压缩的文件夹中，文件也将被压缩。但是，如果将文件从同一个 NTFS 驱动器移动到已压缩的文件夹中，则文件将保留原始状态（或者是压缩的，或者是未压缩的）。

阅读资料 4——"回收站"简介

　　Windows 系统为用户设置了"回收站"，用来暂时存放用户删除的文件，对误删除操作进行保护。系统把最近删除的文件存放在"回收站"的顶端。如果删除的文件过多，"回收站"的空间不够大，当用完"回收站"的可用空间后，最先被删除的文件将被永久删除，被永久删除的文件不能被恢复。从硬盘删除任何项目时，Windows 将该项目存放在"回收站"中而且"回收站"的图标从空更改为满。从软盘或网络驱动器中删除的项目不能发送到"回收站"，将被永久删除。

　　Windows 系统为每个分区或硬盘分配一个"回收站"。如果硬盘已经分区，或者计算机中有多个硬盘，则可以为每个"回收站"的空间指定不同的大小。更改"回收站"的存储容量，可以通过"回收站属性"对话框进行设置。具体操作方法是右击桌面上的"回收站"图标，在快捷菜单中选择"属性"命令，打开如图 2-20 所示的"回收站属性"对话框。

　　"回收站"默认的空间大小是磁盘总空间的 10%，用户可以拖动滑块增加或减小"回收站"的空间。

　　（1）独立配置驱动器：选择该单选项，可以对每个硬盘驱动器"回收站"的空间独立地进行设置，如图 2-21 所示。

　　（2）所有驱动器均使用同一设置：选择该单选项，当前计算机中所有的磁盘驱动器的空间大小由"全局"选项卡来指定。

　　（3）删除时不将文件移入回收站，而是彻底删除：选择该复选项，删除的文件不放入"回收站"，而直接被永久删除，建议一般不要选中该项。

　　（4）显示删除确认对话框：选择该复选项，删除文件时将给出提示信息。

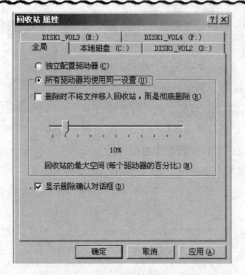
图 2-20　"回收站属性"对话框

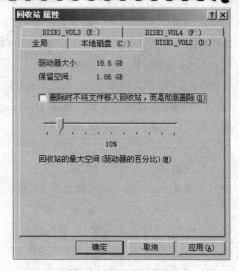
图 2-21　独立设置各个"回收站"的空间

 思考与练习2

1．填空题

（1）在 Windows 2000 的"资源管理器"窗口中，为了显示文件或文件夹的详细资料，应单击窗口菜单栏的_____菜单。

（2）要重新将桌面上的图标按名称排列，可以用鼠标在桌面空白处右击，在出现的快捷菜单中，选择_____中的"按名称"命令。

（3）在 Windows 2000 中，可以按住_____键，然后按下"↑"键或"↓"键可选中一组连续的文件。

（4）在 Windows 2000 中，如果要选取多个不连续的文件，可以按住_____键，再单击相应文件。

（5）如果已经选中了多个文件，要取消对其中的几个文件的选定，应按住_____键的同时依次单击这几个文件。

（6）当选中文件或文件夹后，对其进行属性设置，可以单击鼠标_____键，然后在弹出的快捷菜单中选择_____命令。

（7）在 Windows 2000 的"回收站"窗口中，要想恢复选中的文件或文件夹，可以使用"文件"菜单中的_____命令。

（8）在 Windows 2000 系统中，只能对_____分区上的文件和文件夹进行压缩。

2．选择题

（1）在 Windows 2000 中有两个管理系统资源的程序组，它们是（　　）。

　　A．"我的电脑"和"控制面板"　　　　　B．"资源管理器"和"控制面板"

　　C．"我的电脑"和"资源管理器"　　　　D．"控制面板"和"开始"菜单

（2）在 Windows 2000 的"资源管理器"左窗格中，有的文件夹前有"+"或"−"符号，"−"符号意味着这个文件夹（　　）。

　　A．是空文件夹　　　　　　　　　　　　B．含有下级文件夹，但还没有展开

　　C．含有下级文件夹，并且已经展开　　·　D．不含下级文件夹

（3）在 Windows 2000 中，可以通过（　　）来浏览本地计算机上的所有资源。

　　A．"回收站"　　　　B．任务栏　　　　C．"资源管理器"　　　D．"网上邻居"

（4）在 Windows 2000 的"资源管理器"中，不是文件查看排列方式的是（　　）。

　　A．按名称　　　　　B．按类型　　　　　C．按大小　　　　　D．按文件名长度

（5）在 Windows 2000 中，文件名不能包括的符号是（　　）。

　　A．+　　　　　　　B．>　　　　　　　C．−　　　　　　　D．#

（6）下列为文件夹更名的方式，错误的是（　　）。

　　A．在文件夹窗口中，慢慢单击两次文件夹的名字，然后输入新名

　　B．单击文件夹，然后按 F2 键

　　C．在文件夹的属性对话框中进行更改

　　D．右击图标，然后在弹出的快捷菜单中选择"重命名"，然后输入文件夹的名字

（7）当选中文件或文件夹后，不将文件或文件夹放到"回收站"，而直接删除的操作是（　　）。

　　A．按 Del 键

　　B．用鼠标直接将文件或文件夹拖放到"回收站"中

　　C．按"Shift + Del"组合键

　　D．用"我的电脑"或"资源管理器"窗口"文件"菜单中的"删除"命令

（8）在 Windows 2000 的"资源管理器"窗口中，菜单栏中有"编辑（E）"，其正确的描述是（　　）。

　　A．按"E"可以打开此菜单项

　　B．"E"只是表示编辑的含义，没有其他含义

　　C．按"Alt+E"组合键可以打开此菜单项

　　D．按"Ctrl+E"组合键可以打开此菜单项

（9）在 Windows 2000 的"资源管理器"窗口中，如果想一次选中多个分散的文件或文件夹，正确的操作是（　　）。

　　A．按住 Ctrl 键，用鼠标右键逐个选取

　　B．按住 Ctrl 键，用鼠标左键逐个选取

　　C．按住 Shift 键，用鼠标右键逐个选取

　　D．按住 Shift 键，用鼠标左键逐个选取

（10）在"资源管理器"窗口中，选中多个连续文件的正确操作为（　　）。

　　A．按住 Shift 键，然后单击每一个要选中的文件图标

　　B．按住 Ctrl 键，然后单击每一个要选中的文件图标

　　C．选中第一个文件，然后按住 Shift 键，再单击最后一个要选中的文件

　　D．选中第一个文件，然后按住 Ctrl 键，再单击最后一个要选中的文件

（11）在 Windows 2000 的"资源管理器"窗口中，从"C:"盘的"AA"文件夹中选择了"sound"文件，按"Ctrl+X"组合键，然后又选择了"C:"盘的"BB"文件夹，按"Ctrl+V"组合键，这个过程所完成的操作是（　　）。

　　A．将"sound"文件删除

B．将"sound"文件从"AA"文件夹中复制到"BB"文件夹中

C．将"sound"文件从"AA"文件夹中移动到"BB"文件夹中

D．将"sound"文件从"AA"文件夹中恢复到"BB"文件夹中

（12）在 Windows 2000 中，将文件设置成可以保护文件不被误删除或修改的属性是（　　）。

A．只读　　　　　　B．存档　　　　　　C．隐藏　　　　　　D．系统

（13）在 Windows 2000 中，若已选中某文件，不能将该文件复制到同一文件夹下的操作是（　　）。

A．用鼠标左键将该文件在同一文件夹下拖动

B．用鼠标右键将该文件在同一文件夹下拖动

C．先执行"编辑"菜单中的复制命令，再执行"粘贴"命令

D．按住 Ctrl 键，再用鼠标左键将该文件在同一文件夹下拖动

（14）对桌面的"Myfile"文件夹进行操作，下面说法正确的是（　　）。

A．双击鼠标右键可将"Myfile"文件夹打开

B．单击鼠标右键可将"Myfile"文件夹打开

C．双击鼠标左键可将"Myfile"文件夹打开

D．单击鼠标左键可将"Myfile"文件夹打开

（15）在 Windows 2000 中，下列关于"回收站"的叙述正确的是（　　）。

A．不论从硬盘还是 U 盘上删除的文件都可以用"回收站"恢复

B．不论从硬盘还是 U 盘上删除的文件都不能用"回收站"恢复

C．用 Del 键从硬盘上删除的文件可用"回收站"恢复

D．用"Shift+ Del"组合键从硬盘上删除的文件可用"回收站"恢复

（16）打开快捷菜单的操作方法是（　　）。

A．单击左键　　　　B．双击左键　　　　C．单击右键　　　　D．三次单击左键

（17）执行复制、删除、移动等命令后，如果想取消这些动作，可以使用（　　）。

A．按"撤销"按钮　　　　　　　　　B．右键单击空白处

C．在"回收站"中重新操作　　　　　D．按 Esc 键

（18）在 Windows 2000 中，在不同磁盘驱动器之间用左键拖动对象时，默认正确的操作是（　　）。

A．移动对象　　　　B．删除对象　　　　C．复制对象　　　　D．清除对象

（19）"剪贴板"是 Windows 2000 中的一个实用工具，关于"剪贴板"的叙述正确的是（　　）。

A．"剪贴板"是应用程序间传递信息的一个临时文件，关机后"剪贴板"中的信息不会丢失

B．"剪贴板"是应用程序间传递信息的一个临时存储区，是内存的一部分

C．"剪贴板"中的信息进行粘贴后，其内容消失，不能被多次使用

D．"剪贴板"可以存储多次剪切的信息，直到"剪贴板"中的信息满了为止

（20）在 Windows 2000 中，将当前窗口存入"剪贴板"，应按（　　）键。

A．PrintScreen　　　　　　　　　　B．Ctrl+PrintScreen

C．Alt+PrintScreen　　　　　　　　D．Ctrl+Alt+PrintScreen

3．简答题

（1）在 Windows 2000 中，有哪些字符不能出现在文件名中？

（2）在"资源管理器"窗口中，文件与文件夹有哪些排列显示方式？

（3）在"资源管理器"窗口中，文件夹前面的"+"和"–"分别表示什么含义？

（4）一个文件或文件夹有哪些属性？如何将一个文件设置成只读属性？

（5）"我的文档"文件夹的路径是什么？

（6）如何设置一个目标文件夹为"我的文档"文件夹？

（7）如何搜索文件扩展名为"doc"的文件？

（8）为什么要对文件和文件夹进行压缩？

（9）打开"我的文档"文件夹，它包含哪几种不同类型的文件夹图标？

4．操作题

（1）在"资源管理器"窗口中展开一个文件夹，分别用大图标、小图标、列表、详细资料和缩略图的方式来显示，并观察有什么不同。

（2）在"我的文档"中分别创建名称为"Myfile1"和"Myfile2"的文件夹。

（3）在"Myfile1"文件夹中建立一个文本文件，文件名为"Jianli"，内容自定。

（4）对"Jianli"文件创建桌面快捷方式。

（5）双击"Jianli"文件的快捷方式，观察操作结果。

（6）至少采用三种不同的方法将"Jianli"文件复制到"Myfile2"文件夹中。

（7）删除"Myfile1"和"Myfile2"的文件夹及桌面快捷方式，并清空"回收站"。

（8）在"开始"菜单中选择"搜索"命令，查询文档中带有"奥运会"三字的文档。

（9）在 NTFS 格式的磁盘中，选择一个用户文件夹，对该文件夹进行压缩，查看该文件夹中其他文件夹和文件是否被压缩。

第3章 基本的汉字输入法

目前我们使用的普通计算机键盘都是英文键盘，要输入汉字，必须使用汉字输入法。中文 Windows 2000 内置有多种中文输入法，例如，全拼、双拼、郑码、微软拼音、智能 ABC 等。用户也可以使用其他公司提供的汉字输入法，例如，五笔字型输入法、紫光拼音输入法等。无论使用哪种输入法，应该至少熟练掌握其中一种输入法，才能完成文字的基本录入和编辑工作。

本章的主要内容包括：
● 智能 ABC 输入法。
● 微软拼音输入法及其属性设置。
● 输入法快捷键的设置。
● 中文输入法的安装。
● 字体的安装。

3.1 智能 ABC 输入法

目前汉字输入方法很多，在通常情况下可以直接使用 Windows 2000 系统提供的中文输入法进行汉字输入。例如，使用智能 ABC 输入法。智能 ABC 输入法是一种拼音输入法，但它比一般的全拼和双拼要快得多。智能 ABC 输入法可以采用全拼、简拼、混拼、笔形、音形和双打等多种输入方式作为文字的录入方式。

中文输入法的基本步骤是：打开可以进行汉字输入的应用程序，例如，Word 应用程序、"写字板"、"记事本"等，然后选择一种汉字输入法，按照该输入法的规则进行汉字输入。

【例 3-1】在"记事本"中使用智能 ABC 输入法输入下面的一段文字。

藏羚羊在生命禁区与恶劣环境斗，它们是胜利者；与饥饿严寒斗，它们是成功者；与豺狼虎豹斗，它们是无畏者。它们从不屈服于来自自然界的任何灾难，从未放弃过这里的家园。生命力如此顽强的野生动物却大批大批地惨死在人类的屠刀下，如今青藏高原的藏羚羊总数，已由 10 年前的 10 万余只急剧降至 5 万余只，而且每年以 2 万只的数量减少。

分析：输入汉字时，一般要经过打开编辑文档、选择汉字输入法和录入中、英文及其他符号等过程。

操作步骤如下。

（1）选择中文输入法。

① 启动"记事本"程序。单击"开始"→"程序"→"附件"→"记事本"命令，打开"记事本"应用程序。

② 单击任务栏通知区域中语言栏的"输入法"图标按钮，弹出"输入法"菜单，再选

择需要的输入法，如图 3-1 所示。

③ 选择"智能 ABC 输入法"，屏幕上会弹出智能 ABC 输入法的状态条如图 3-2 所示。

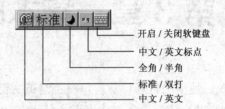

图 3-1　选择汉字输入法　　　　　　　　图 3-2　智能 ABC 输入法的状态条

提示　使用"Ctrl+空格键"组合键可以激活/关闭中文输入法。使用"Ctrl+Shift"组合键可以在英文及其他中文输入法之间进行切换。

（2）单字输入。

① 在"记事本"应用程序窗口中，可按照已选择的智能 ABC 输入法输入汉字，要确保键盘处于小写字母状态（键盘上的 Caps 指示灯不亮）。

② 键入要输入汉字的汉语拼音，然后按空格键。例如，输入"生"，则依次键入"sheng"，再按空格键。拼音字母中的"ü"用英文字母"v"代替。

对于智能 ABC 输入法来说，也可以输入拼音的一部分，但省略的拼音字母越多，查找所需要的汉字就会越麻烦。

③ 在出现的汉字候选框中选择所需要的汉字，然后键入该汉字前面的序号，该汉字就会输入到文字处理程序窗口中，如图 3-3 所示。

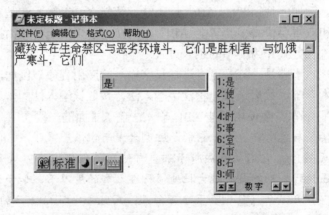

图 3-3　使用智能 ABC 输入法输入汉字

如果在显示的汉字候选框中没有所需要的汉字，可以用鼠标单击汉字候选框下方的"▼"或"▲"按钮翻页查找，也可以使用键盘上的"["或"]"键进行翻页。

（3）词组的输入。由于汉字中相同读音的字很多，用拼音输入汉字时，如果使用单字输入效率很低，而且词组的重码率较低。如果灵活地使用词组输入，可以大大地加快汉字的输入速度。

使用智能 ABC 输入法输入词组，只要连续输入词组中每个字的汉语拼音的全部或部分（通常只输入声母）即可，如输入"成功"，可以连续输入"chenggong"、"chengg"、"chgong"或"chg"，然后按空格键，如果相同读音的词组不止一个，就会显示出候选框供用户选择。

对于三个字以上的词组，输入方法和两字词组相同。

（4）零声母字的输入。有的汉字没有声母，只有韵母，称为零声母字。如"而（er）"、"安（an）"、"爱（ai）"等。在输入单字或以零声母字开头的词组时直接键入韵母也可以完成输入，如"安全（anquan）"。但在输入如"女儿"、"平安"等零声母字在后的词组时，如果按普通的方法输入就会发现很难找到。对于零声母字，在输入拼音时要先键入前置符号（键盘上的单引号）作为先导，如"女儿"一词，要连续输入"nv'er"，然后按空格键。

（5）特殊符号的输入。使用智能 ABC 输入法中的软键盘可以方便地输入希腊字母、俄文字母、日文字母、罗马数字、数学符号等特殊符号。

① 选择"智能 ABC 输入法"并确保其状态条显示在屏幕上。

② 用鼠标右击输入法状态条中的"开启/关闭软键盘"图标，系统弹出"软键盘方案"菜单，选择需要的软键盘菜单项，屏幕上打开已选择的软键盘，如图 3-4 所示。

图 3-4　选择软键盘

③ 单击软键盘上相应的字符键，即可完成字母及特殊符号的输入。对于软键盘字母的上档符号，可以先单击 Shift 键，再单击要输入的字母键，即可输入该键上档的字母符号。或按住实际键盘上的 Shift 键，用鼠标单击软键盘上的字母键，也可输入软键盘字母的上档符号。

3.2　微软拼音输入法

微软拼音输入法是一种基于语句的汉语拼音输入法，用户可以连续输入汉语语句的拼音，系统自动根据拼音选择最合理、最常用的汉字，免去逐字逐词进行选择的麻烦。微软拼音输入法提供了自学习、用户自造词等功能，这样计算机在与用户经过短时间的交流中，就会适应用户的专业术语和语句习惯，使输入语句的成功率得到较大的提高，从而提高输入汉字的速度。

3.2.1　使用微软拼音输入法

微软拼音输入法支持全拼和双拼两种输入方式。输入的汉字拼音之间无须用空格间隔，输入法自动切分相邻汉字的拼音。如果在列出的汉字中没有需要的字，可以通过单击翻页按钮或使用键盘上的"]"、"="或 PageUp 键向前翻阅；按"["、"-"或 PageDown 键向后翻阅。

为加快汉字的输入速度，应尽可能使用词组进行输入。输入词组时一次将词组中所有汉字的汉语拼音全部输入，然后再按空格键，这时在候选框中出现相应的词组列表，选择需要的词组。

当用户连续输入一连串汉语拼音时，微软拼音输入法通过语句的上下文自动选取最合适的字词。但有时自动选取的结果与用户希望的有所不同，以致出现错误字词，可以使用光标键将光标移到错误字词处，在候选框中选择正确的字词，修改完后按 Enter 键确认。

使用微软拼音输入法时，如果词库中没有所输入的词组，这时可以逐个字地进行选择。当输入一次该词组后，它会自动加入到词库中，以后再输入该词组时，该词组会出现在候选框中。

【例 3-2】使用微软拼音输入法，在"记事本"中输入"世界杯足球赛 2006 FIFA"一段文字。

分析：微软拼音输入法也是用户常用的一种汉字输入方法，它采用拼音作为汉字的录入方式，不需要经过专门的学习和培训，不需要特别记忆，只要知道汉字读音，就可以使用这一工具。微软拼音输入法采用基于语句的连续转换方式，可以不间断地键入整句话的拼音，不必关心分词和候选，这样既保证用户的思维流畅，又提高了输入效率。

操作步骤如下。

（1）打开"记事本"应用程序。

（2）在语言栏中选择"微软拼音输入法"选项。

（3）连续按下"世"的拼音字母"shi"，输入结束后按空格键，在屏幕上出现"是"字，并在该字下面有一条下划虚线，等待用户确认，如图 3-5 所示。如果拼音字母输入有错误，按键盘上的取消键"←"取消输入。

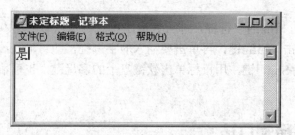

图 3-5　使用微软拼音输入法输入汉字

在输入过程中汉字的下面都有一条下划虚线，这时可以对错误输入的汉字进行修改。具体方法是按键盘的左移动光标键，将光标移到要修改的汉字前面，可以看到候选框中的内容也随着光标的移动而变化。选择所需要的词组或汉字后按 Enter 键确认，此时，下划虚线消失，表示这个句子输入结束。

（4）继续输入其他的汉字。输入数字"2006"时直接键入键盘上的数字键。当输入英文"FIFA"时切换成英文输入状态后按一下 Caps lock 键，就可以输入大写字母了。

由于微软拼音输入法以语句为基本的输入单位，这是它区别于其他输入法的显著特点，所以在输入语句时，用户不必逐字地进行选择确认，而可以连续输入汉语语句的拼音，直到输入完整个句子后，再进行选择。例如，可以连续输入"shijiebeizuqiusai"，按下空格键确认。在输入的过程中，微软拼音输入法会自动根据上下文做出调整，将语句修改为它认为的最可能的情形。经过它的调整，很多错误都会自动地被修正，因此，修改句子最好从句首开始。

> **提示** ① 零声母与音节切分符：汉语拼音中有一些零声母字，即没有声母的字。在语句中输入这些零声母字时，使用音节切分符可以得到事半功倍的效果。例如，输入"皮袄"时，输入带音节切分符的拼音"pi ao"（中间加一个空格），可快速正确地进行输入。
> ② 确认的技巧：如果整个句子无须修改，在句尾输入一个标点符号（包括"，"、"。"、"；"、"？"和"！"），在输入下一个句子的第一个拼音代码时，前一个句子自动被确认。

3.2.2 微软拼音输入法的属性设置

为提高汉字输入的效率，或适合自己的输入习惯，可以对微软拼音输入法的属性进行设置。具体操作方法是：单击微软拼音输入法语言栏的"功能菜单"图标按钮，在弹出的菜单中选择"属性"命令，打开如图 3-6 所示的"微软拼音输入法属性"对话框。

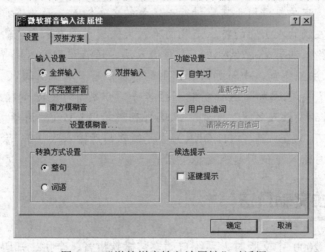

图 3-6 "微软拼音输入法属性"对话框

在"微软拼音输入法属性"对话框中，用户可以设置输入模式、转换方式、用户功能、候选提示以及双拼方案等。其中部分属性的含义如下。

① 自学习：微软拼音输入法将记住每次用户更正过的错误，错误重现的可能性将减小。例如"智能输入"在第一次输入时出现"只能输入"。此时只要把光标移到"只能"之前，候选框就会自动弹出汉字序列，从候选框中选取"智能"一词，再按 Enter 键确认，输入法就会自行记忆。此后输入"zhinengshuru"，系统就正确转换为"智能输入"。

② 自造词：微软拼音输入法会自动将用户自己所造的词记录到用户词典中。

③ 逐键提示：用户每键入一个不同的音节，候选框中及时提供同音候选字词，便于用户一边键入，一边选择修改。例如，键入"chaojinvsheng"，则候选框提示如图 3-7 所示。

对于不同的汉字输入法，都对应不同的属性设置，用户可以对自己使用的中文输入法进行属性设置。

图 3-7   逐键提示候选框

阅读资料 5——中文输入法简介

当前，汉字输入法有上百种方案，实际使用的也有几十种，每种输入法各有特点，但总的来说可以分为标准英文键盘输入法、非键盘输入法和混合输入法三种类型。

（1）标准英文键盘输入法，就是按照一定的规律将输入的英文字母转化为汉字，它是目前最常用的中文输入法。根据汉字编码方案设计时所依据的不同汉字属性，可将它们分为数字码、音码、形码和音形码四种类型。

（2）非键盘输入法，是利用人工智能的方式而不使用键盘，对汉字或语音通过模式识别进行输入的方法。它主要适用于需要进行一定量的文字输入，而又不希望花费大量时间去熟练键盘、学习输入法的人。它的特点是既简单、又快捷，是未来中文输入法的一种发展趋势。常见的非键盘输入法有光电输入法、手写输入法、语音识别输入法等。

（3）混合输入法。例如，手写加语音识别的输入法有"汉王听写"、"蒙恬听写王"等，"慧笔"、"紫光笔"等也添加了这种功能。语音手写识别加 OCR 的输入法有"汉王文本王"、清华文通公司的"录入之星" B 型（汉瑞得有线笔+ViaVoice+清华 TH-OCR）和 C 型（汉瑞得无线笔 + Via Voice+清华 TH-OCR）等。微软拼音输入法 2.0，除了可以用键盘输入外，也支持鼠标手写输入，使用起来也很灵活。

3.3   安装中文输入法

安装 Windows 2000 中文版时，系统自动安装微软拼音、全拼、郑码和智能 ABC 输入法。要查看已经安装的汉字输入法，用鼠标单击通知区域中语言栏的"输入法"图标按钮，从弹出的"输入法"菜单中可以查看到已经安装的汉字输入法，从中选择一种输入法输入汉字。如果要使用的汉字输入法在菜单列表中没有，用户可以自行安装。例如，安装 Windows 2000 提供的双拼输入法，用户也可以安装其他厂商提供的汉字输入法，如五笔字型输入法等。

3.3.1   安装系统提供的中文输入法

【例 3-3】安装 Windows 2000 系统提供的"双拼"输入法。

分析：Windows 2000 系统提供了"双拼"输入法，但在默认状态下不能使用该输入法，要使用该输入法，用户必须自行安装。这种方法对于已删除输入法的安装同样适用。

操作步骤如下。

（1）单击"开始"→"设置"→"控制面板"命令，打开"控制面板"窗口，双击"文字服务"图标，打开"文字服务"对话框，如图 3-8 所示。

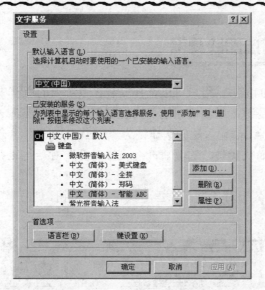

图 3-8　"文字服务"对话框

（2）在"已安装的服务"列表框中给出了已经安装的输入法。单击"添加"按钮，出现如图 3-9 所示的"添加输入语言"对话框。

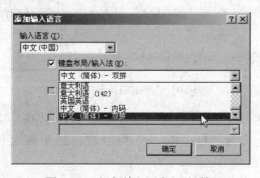

图 3-9　"添加输入语言"对话框

（3）在"键盘布局/输入法"下拉列表中选择要添加的输入法。例如，选择"双拼"输入法。

（4）单击"确定"按钮，关闭对话框后所添加的输入法就会出现在语言栏列表中。

安装其他厂商提供的汉字输入法，一般方法是运行该输入法的安装程序即可安装。

3.3.2　删除中文输入法

如果一种输入法暂时不用，可以将它从语言栏列表中删除。具体操作方法是在如图 3-8 所示的"文字服务"对话框的"已安装的服务"列表框中选择一种输入法，例如，选择"紫光拼音输入法"，单击"删除"按钮。

提示　用户删除一种输入法后，该输入法对应的文件并没有从硬盘上删除，只是从语言栏列表中删除了该项。删除的输入法可以再次通过"添加输入语言"对话框（如图 3-9 所示）进行添加。

3.4　设置输入法的快捷键

在中文 Windows 2000 中，用户可以选择安装在系统上的所有中英文输入法，同时还可以为中文输入法创建快捷键，以便快速地切换想要使用的输入法。

【例 3-4】设置智能 ABC 输入法的快捷键为"Ctrl+Shift+2"组合键。

分析：设置输入法的快捷键，需要打开"文字服务"对话框进行设置。

操作步骤如下。

（1）打开"文字服务"对话框，单击"键设置"按钮，打开"高级键设置"对话框，如图 3-10 所示。

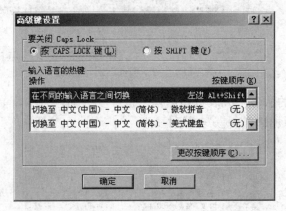

图 3-10　"高级键设置"对话框

在"输入语言的热键"列表框中，可以查看系统当前各项操作的设置。如在输入法与非输入法之间的切换快捷键是"Ctrl+Space"组合键；半角与全角之间切换的快捷键是"Shift+Space"组合键。

（2）在"输入语言的热键"列表框中，选择一种输入法。例如，选择"中文（简体）—智能 ABC"，单击"更改按键顺序"按钮，打开"更改按键顺序"对话框，如图 3-11 所示。

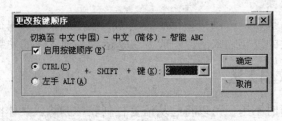

图 3-11　"更改按键顺序"对话框

（3）选中"启用按键顺序"复选项，设置一种按键方式。例如，设置快捷键"Ctrl+Shift+2"组合键，单击"确定"按钮。

在设置好所选输入法的快捷键后要选择该输入法时，不必使用"Ctrl+Shift"组合键来逐项选择。例如，可以直接使用快捷键"Ctrl+Shift+2"组合键，切换至智能 ABC 输入法。

3.5 安装和查看字体

3.5.1 安装字体

在安装 Windows 2000 后中，系统默认安装了一些字体，如宋体、楷体、黑体及一些英文字体等。这些字体能满足一般的需求，对于专业排版和有特殊需求的用户来说，仅有这些字体是不够的，还需要安装一些特殊的字体。安装字体的具体操作步骤如下。

（1）双击"控制面板"中的"字体"图标，打开"字体"窗口，如图 3-12 所示。

图 3-12 "字体"窗口

（2）单击"文件"菜单中的"安装新字体"命令，选择要安装的字体文件所在的驱动器或文件夹，如图 3-13 所示。

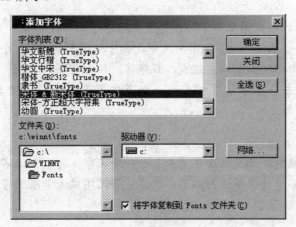

图 3-13 "添加字体"对话框

（3）选择要安装的字体，单击"确定"按钮，新安装的字体出现在字体列表中。

3.5.2 　查看字体

用户可以查看系统中现有的字体大小、样式等。具体操作方法是在如图 3-12 所示的"字体"窗口中，双击要查看的字体图标，打开字体样本窗口，如图 3-14 所示。可以看到该字体的名称、文件大小、版本信息、不同字号下的字体效果等。

图 3-14 　"华文彩云"字体

单击窗口中的"打印"按钮，可以将该字体样本打印出来。

 阅读资料 6——计算机汉字处理方式

1．汉字的输入

要进行汉字输入首先要了解汉字的编码问题，主要是汉字在机内如何表示的。通常每个西文字符只占 1 字节的存储区。但由于汉字的数目众多（属于大字符集），因此需要采取不同的表示方法。

为统一标准，1981 年我国公布了《信息交换用汉字编码字符集　基本集》（GB 2312—80）。在此方案中，共收录了 6763 个常用汉字，其中较常用的 3755 个汉字组成一级字库，按拼音顺序排列；其余 3008 个汉字组成二级字库，按部首顺序排列。有了这个基本集，就可把这个字符集内的每个汉字编成相应的一组英文或数字代码，使其能直接使用西文键盘输入汉字。

2．汉字的存储

在实际的汉字系统中，都是用 2 字节来表示一个汉字，即一个汉字对应 2 字节的二进制码。也就是说，用 2 字节对汉字进行编码，这样可将汉字编入标准汉字代码中，输入计算机的就是这个 2 字节的汉字代码，存储亦然。

3．汉字的输出

确定了汉字的机内码仅仅决定了每个汉字在国标字符集中的位置，但并不能说明每个汉字的形状。因此，要完成汉字的输出任务还需要字形数据。在计算机上，大多数的文字或图形的形状都是用"点"来描述的。存储这些点由 1 和 0 来实现。输出时，计算机把 1 解释成

"有点"，把 0 解释为"无点"。这样，汉字的点阵数据就与屏幕上的图形对应起来。为了能够显示汉字，在国标字符集中的每个汉字都需要事先确定其点阵形状，然后将点阵转换成对应的数据，一般以文件形式存放到计算机中，就构成了汉字的字形库（简称为字库）。

汉字的显示一般需要一系列的步骤。例如，首先将用户从键盘输入的汉字编码（输入码）转化成机内码，然后根据机内码从字库中查找到该字的字模数据，再将字模写到屏幕或输出到打印机。

思考与练习 3

1. 填空题

（1）中文 Windows 2000 系统中内置有多种中文输入法，例如，＿＿＿＿＿＿＿＿＿＿、＿＿＿＿＿＿＿＿、＿＿＿＿＿＿＿＿＿、＿＿＿＿＿＿＿＿等，用户也可以安装使用其他的汉字输入法，例如，＿＿＿＿＿＿＿＿、＿＿＿＿＿＿＿＿＿等。

（2）键盘汉字输入法分为＿＿＿＿＿＿、＿＿＿＿＿＿、＿＿＿＿＿＿＿和＿＿＿＿＿四种类型。

（3）常见的非键盘输入法有＿＿＿＿＿＿、＿＿＿＿＿＿、＿＿＿＿＿＿等。

（4）为了添加某个输入法，应在"文字服务"对话框中单击＿＿＿＿＿＿按钮，在＿＿＿＿＿＿＿＿对话框中进行设置。

（5）当删除一种汉字输入法后，可以再次通过＿＿＿＿＿＿＿＿＿对话框进行添加。

（6）设置输入法的快捷键，在"高级键设置"对话框的"输入语言的热键"列表框中，选择一种输入法，单击"更改按键顺序"按钮，打开＿＿＿＿＿＿＿＿对话框进行设置。

（7）如果要安装字体，可以在"控制面板"中通过打开＿＿＿＿＿窗口进行安装。

（8）根据汉字国标（GB 2312—80）的规定，将汉字分为常用汉字（一级）和非常用汉字（二级）两级汉字，共收录了＿＿＿＿＿＿个常用汉字，其中一级字库＿＿＿＿＿＿个汉字，按＿＿＿＿顺序排列，二级字库＿＿＿＿＿＿个汉字，按＿＿＿＿顺序排列。

2. 选择题

（1）在 Windows 2000 默认环境中，用于中英文输入方式切换的组合键是（　　）。

    A．Alt + 空格　　　　　B．Shift +空格　　　　　C．Alt + Tab　　　　　D．Ctrl +空格

（2）在 Windows 2000 中，选择汉字输入法后，可以使用鼠标单击输入法状态条中的"全角/半角"按钮进行全角/半角的切换，也可以按（　　）进行全角/半角的切换。

    A．Alt+.　　　　　B．Shift+空格　　　　　C．Alt+空格　　　　　D．Ctrl+.

（3）微软拼音输入法属于（　　）。

    A．音码输入法　　　　B．形码输入法　　　　C．音形结合的输入法　　　D．联想输入法

（4）在中文版 Windows 2000 中，使用软键盘可以快速地输入各种特殊符号，为了关闭弹出的软键盘，正确的操作为（　　）。

    A．用鼠标左键单击软键盘上的 Esc 键

    B．用鼠标右键单击软键盘上的 Esc 键

    C．用鼠标右键单击中文输入法状态条中的"开启/关闭软键盘"按钮

　　D．用鼠标左键单击中文输入法状态条中的"开启/关闭软键盘"按钮

（5）根据汉字国标（GB 2312—80）的规定，总计有一、二级汉字编码（　　　）。

　　A．7445 个　　　　　　B．6763 个　　　　　C．3008 个　　　　　　D．3755 个

（6）根据汉字国标（GB 2312—80）的规定，将汉字分为常用汉字（一级）和非常用汉字（二级）两级汉字。非常用汉字按（　　　）排列。

　　A．偏傍部首　　　B．汉语拼音字母　　　C．笔画多少　　　　　D．使用频率多少

（7）汉字国标（GB 2312—80）把汉字分成的等级为（　　　）。

　　A．简化字和繁体字　　　　　　　　　B．一级汉字、二级汉字和三级汉字

　　C．一级汉字和二级汉字　　　　　　　D．常用字、次常用字和罕见字

3．简答题

（1）智能 ABC 输入法支持哪几种输入方式？

（2）微软拼音输入法支持哪几种输入方式？使用什么键可以在汉字列表中前后翻阅？

（3）如何添加一种中文输入法？

（4）如何安装字体？

4．操作题

（1）打开"记事本"，使用智能 ABC 输入法，输入如下一段文字。

极光是一种大气光学现象。当太阳黑子、耀斑活动剧烈时，太阳发出大量强烈的带电粒子流，沿着地磁场的磁力线向南北两极移动，它以极快的速度进入地球大气的上层，其能量相当于几万或几十万颗氢弹爆炸的威力。由于带电粒子速度很快，碰撞空气中的原子时，原子外层的电子便获得能量。当这些电子获得的能量释放出来时，便会辐射出一种可见的光束，这种迷人的色彩就是极光。

（2）打开"记事本"，使用微软拼音输入法，输入如下一段文字。

望天树是我国的一级保护植物，一般高达 60 多米，胸径 100 厘米左右，最粗的可达 300 厘米。高耸挺拔的树干竖立于森林绿树丛中，比周围高 30～40 米的大树还要高出 20～30 米，真是直通九霄，大有刺破青天的架势。

望天树生长很快，而且材质坚硬、耐腐性强、纹理美观，是制造各种高级家具及轮船、桥梁等的优质木材。

（3）试删除一种中文输入法，然后再添加该输入法。

（4）试从 Internet 上下载一种汉字输入法，如紫光拼音输入法，然后安装到计算机上。

第4章 Windows 常用设置

在初次使用 Windows 2000 时，使用的是 Windows 2000 默认的系统设置，这是一种大众化的设置。由于使用 Windows 2000 的用户是多种多样的，包括了各行各业的用户，因此，除了使用 Windows 2000 默认的设置外，还可以根据自己的需要和爱好自定义工作环境。这包括桌面和显示器的设置、日期和时间的设置、键盘和鼠标的设置、"开始"菜单和任务栏的设置等。

本章的主要内容包括：
- 自定义 Windows 2000 桌面。
- 自定义任务栏和"开始"菜单。
- 键盘和鼠标的设置。

4.1 自定义桌面

Windows 2000 还允许用户对桌面进行个性化的设置。

【例4-1】将一幅图片设置为桌面背景。

分析： 对桌面背景、屏幕保护程序及显示器的分辨率等进行自定义设置，都要在"显示属性"对话框中进行。

对显示属性进行设置的操作步骤介绍如下。

（1）在桌面的空白处右击鼠标，单击快捷菜单中的"属性"命令，打开"显示属性"对话框，如图4-1所示。

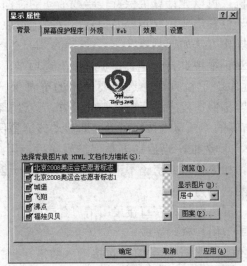

图4-1 "显示属性"对话框

（2）在"显示属性"对话框中，可以对桌面背景、屏幕保护程序、外观、分辨率等进行设置。

4.1.1　设置桌面背景

用户如果不喜欢 Windows 2000 默认的桌面背景，可以将自己喜欢的图片作为桌面背景。选择 Windows 2000 提供的桌面背景的操作步骤如下。

（1）在"显示属性"对话框的"背景"选项卡中（如图 4-1 所示），在"选择背景图片或 HTML 文档作为墙纸"列表框中，单击某一图片或 HTML 文档，列表框上方会显示出所选项目的预览效果。

（2）单击"浏览"按钮，打开"浏览"对话框，查找可作为桌面背景墙纸的文件。在"显示图片"下拉列表中可以选择"居中"、"平铺"或"拉伸"方式中的一种。

① 居中：在桌面中央位置显示一张图片，并保持原来的大小。
② 平铺：将该图片拼接起来，平铺在整个桌面上。
③ 拉伸：将该图片拉伸成与桌面一样的大小显示在桌面上。

> **提示**　背景图片的扩展名可以是 bmp、gif、jpg、dib、htm 等。如果选择 htm 格式文档作为背景图片，"居中"、"平铺"和"拉伸"选项都将无效，htm 格式文档将通过自动拉伸来填充背景。

4.1.2　设置屏幕保护程序和外观

1．设置屏幕保护程序

屏幕保护程序是一个可使屏幕暂停显示，或以动画形式显示的应用程序，只要用户在设定的时间内没有进行任何操作，它便会自动运行。当用户需要暂时离开时，可以通过启动屏幕保护程序来保护自己存储在计算机内的各种信息，从而使其他人无法浏览该用户的计算机。如果长时间不用计算机，可以让计算机保持较暗或活动的画面，以避免一个高亮度的图像长时间停留在屏幕的某一位置造成对显示器的损害，这时也可以启用屏幕保护程序。

设置屏幕保护程序的操作方法如下。

（1）在"显示属性"对话框中选择"屏幕保护程序"选项卡，如图 4-2 所示。

（2）在"屏幕保护程序"下拉列表中选择要使用的屏幕保护程序。单击右侧的"设置"按钮，可以对相应的屏幕保护程序进行更详细的设置（该设置随用户选择的屏幕保护程序的不同而不同）；单击右侧的"预览"按钮可以立即启动该屏幕保护程序，预览其效果。

（3）选中"密码保护"复选框，当启动屏幕保护程序后，用户再次使用计算机时，屏幕保护程序要求输入密码。如果输入的密码不正确，则 Windows 2000 将拒绝退出屏幕保护程序，直到用户输入正确的密码为止。

在 Windows 2000 中，屏幕保护程序直接采用用户登录时的用户密码。如果要更改屏幕保护程序的密码，则通过更改用户密码完成。

（4）选择"等待"数值选择框中的数值或直接输入数字（1～9999），设置自动启动屏幕保护程序前系统要等待的时间。

图 4-2　"屏幕保护程序"选项卡

（5）单击"确定"按钮，完成屏幕保护程序设置。

2．设置桌面外观

桌面外观是指各种屏幕项目（包括菜单、窗口、滚动条、按钮和桌面等）的颜色、字体、大小和字形等。在默认的情况下，Windows 2000 活动窗口的标题栏是蓝色的，非活动窗口的标题栏是灰色的，窗口中的文字是黑色的。用户可以重新设置桌面的外观，例如，改变窗口标题栏和文字的大小及颜色等。

设置桌面外观的具体操作步骤如下。

（1）在"显示属性"对话框中选择"外观"选项卡，如图 4-3 所示。

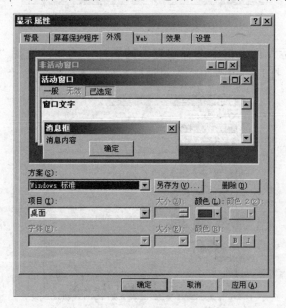

图 4-3　"外观"选项卡

（2）在"方案"下拉列表中，可选定一种设置方案；在"项目"下拉列表中选定项目后，可对项目大小、颜色以及字体类型、大小、颜色、字形进行设置。

每选择一种方案或进行一个项目设置后，都可以在上面的预览窗口中观察其效果。

（3）设置完成后，单击"另存为"按钮，可以将设置的方案保存起来。

Windows 2000 提供了很多的桌面设置方案，对于窗口的边框大小、标题栏颜色、滚动条粗细等，用户都可以根据自己的需要和喜好进行设置。

4.1.3 更改桌面图标

Windows 2000 提供了丰富的图标，用户通过"显示属性"对话框可以更改桌面图标，进行个性化的设置等。更改桌面图标的具体操作步骤如下。

（1）打开"显示属性"对话框，选择"效果"选项卡，如图 4-4 所示。

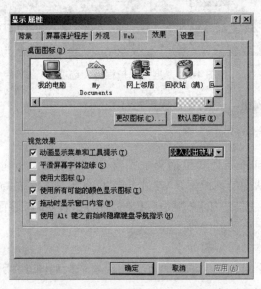

图 4-4   "效果"选项卡

（2）在"桌面图标"列表框中选择要更改的图标。例如，选择"我的电脑"图标，单击"更改图标"按钮，打开"更改图标"对话框，如图 4-5 所示。

图 4-5   "更改图标"对话框

（3）"文件名"文本框显示的文件名是指包含该快捷方式图标的文件名，如果要使用其他文件的图标，可以键入相应的文件名。有些文件包含多个图标，也可以从"当前图标"列表框中选择其他图标。

（4）单击"确定"按钮。这时桌面上"我的电脑"图标被自动替换为更改后的图标。

4.1.4　设置屏幕分辨率和颜色

用户在运行游戏和有关应用程序时，需要高质量的显示画面，这时可以对屏幕分辨率和颜色进行设置。具体的操作方法如下。

（1）在"显示属性"对话框中选择"设置"选项卡，如图 4-6 所示。

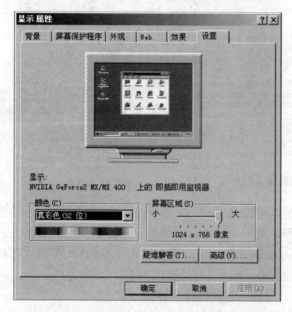

图 4-6　"设置"选项卡

（2）在"颜色"下拉列表中可对监视器的当前颜色进行设置。用户可选择需要的颜色位，颜色位越高，显示越逼真，但系统显示的速度将越慢。

（3）在"屏幕区域"选项栏中，可拖动滑块调整监视器的像素值。选择的像素值越大，屏幕的分辨率越高，单位区域内显示的内容越多，但屏幕上的图标和文字就越小。

（4）单击"高级"按钮，屏幕打开监视器和显卡的属性设置对话框，如图 4-7 所示。部分选项卡的含义如下。

①"常规"选项卡：可设置显示字体大小，以及在新的设置应用前是否需要重新启动计算机等。

②"适配器"选项卡：显示当前适配器的类型与驱动程序。单击"属性"按钮，可更新适配器的驱动程序。

③"监视器"选项卡：可更改监视器（显示器）的刷新频率、驱动程序等。

④"颜色管理"选项卡：可为监视器设置默认的颜色配置文件。

（5）单击"确定"按钮，完成显示颜色和屏幕分辨率的设置。

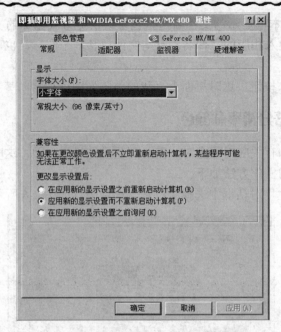

图 4-7 监视器和显卡的属性设置对话框

4.1.5 设置活动桌面

在设置桌面墙纸时，可以使用活动桌面（Active Desktop）。所谓活动桌面，就是指含有实时性动态内容的桌面，用户可以将活动内容从 Web 页移到桌面上，并自动更新，而不必打开浏览器。例如，从 Active Desktop 画廊或其他 Internet 位置，选择添加体育新闻或股票信息，使用户桌面成为与 Internet 实时连接的终端。

将 Web 内容添加到桌面的具体操作步骤如下。

（1）在"显示属性"对话框中选择"Web"选项卡，选中"在活动桌面上显示 Web 内容"复选框，如图 4-8 所示。

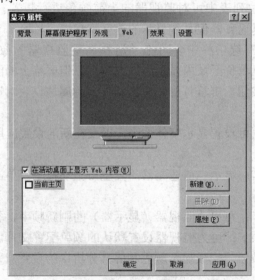

图 4-8 "Web"选项卡

　　在默认的情况下，活动桌面内容的列表中仅有"当前主页"一个选项。如果没有选中"在活动桌面上显示 Web 内容"复选框，或没有选中列表中的任一个选项，则在桌面上将不显示任何 Web 内容。

　　（2）单击"新建"按钮，添加活动桌面内容。如果是首次创建活动桌面内容，则出现"新建 Active Desktop 项"对话框。

　　（3）单击"访问画廊"按钮，启动 Internet Explorer 浏览器，浏览 Active Desktop Gallery 以查找要添加的内容。或直接在"位置"文本框中输入 Web 站点的地址，例如，键入搜狐的网址"http://www.sohu.com"，如图 4-9 所示。也可以单击"浏览"按钮，在弹出的浏览对话框中查找 Web 站点的地址。

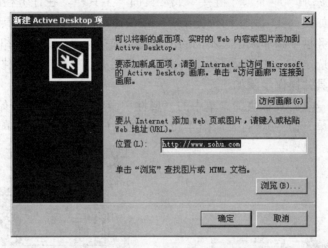

图 4-9　"新建 Active Desktop 项"对话框

　　例如，在活动桌面上显示前面输入的搜狐网页的内容，如图 4-10 所示。

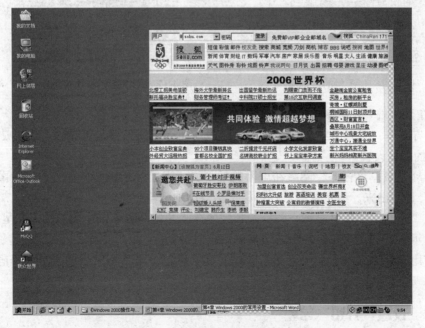

图 4-10　将搜狐网页添加到活动桌面

4.2　自定义任务栏和"开始"菜单

任务栏和"开始"菜单是 Windows 2000 操作系统桌面上的两个系统元素，本节将介绍如何自定义任务栏和"开始"菜单。

4.2.1　设置任务栏

除了更改任务栏的大小和在桌面上的位置外，用户还可以设置任务栏的其他一些属性。例如，在任务栏上添加"地址"、"链接"或"桌面"工具栏。在任务栏的空白处用鼠标右击，屏幕上将弹出如图 4-11 所示的快捷菜单。在快捷菜单中选择"工具栏"子菜单中的不同命令，可以在任务栏中添加或创建不同的工具栏。选择除"工具栏"和"属性"之外的其他命令，则可以按选定的方式显示桌面上的窗口，如层叠、平铺或最小化等。

设置任务栏的具体操作步骤如下。

（1）单击如图 4-11 所示快捷菜单中的"属性"命令（或单击"开始"→ "设置"→ "任务栏和开始菜单"命令），打开如图 4-12 所示的"任务栏和开始菜单属性"对话框。

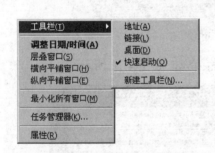

图 4-11　任务栏的快捷菜单　　　　图 4-12　"任务栏和开始菜单属性"对话框

（2）在"常规"选项卡中，各复选框的含义如下。

① 总在最前：使任务栏始终处于屏幕的最前面，即任务栏是可见的，这也是 Windows 2000 系统的默认设置。

② 自动隐藏：将任务栏隐藏在屏幕的最下边，当鼠标指针指向任务栏的隐藏位置时，任务栏就会显示出来。移走鼠标，任务栏又会自动地隐藏起来。

③ 在"开始"菜单中显示小图标：各程序在"开始"菜单以小图标的方式呈现。

④ 显示时钟：在任务栏的最右边显示系统时钟。

⑤ 使用个性化菜单：在"开始"菜单及其子菜单中可将不常用的菜单项目隐藏起来，方便操作。

4.2.2　设置"开始"菜单

设置"开始"菜单主要包括在菜单中添加项目和删除项目。

1. 在"开始"菜单中添加项目

用户如果经常使用某个程序，为了快速找到并启动该程序，可以将该程序添加到"开始"菜单中。

【例 4-2】将一个文件（如"真心英雄.mp3"）添加到"程序"菜单中。

分析：在"任务栏和开始菜单属性"对话框的"高级"选项卡中，可以添加项目，也可以删除项目，也可以建立文件夹，把相同类型的项目进行归类。

具体的操作步骤如下。

（1）在"任务栏和开始菜单属性"对话框的"高级"选项卡中，如图 4-13 所示，单击"添加"按钮，出现如图 4-14 所示的"创建快捷方式"对话框。

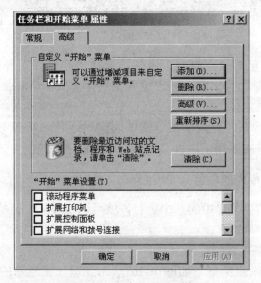

图 4-13　"高级"选项卡

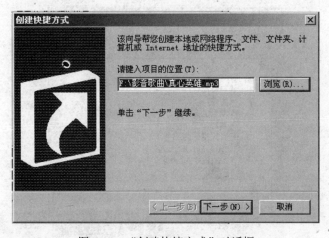

图 4-14　"创建快捷方式"对话框

（2）在"请键入项目的位置"文本框中直接键入要创建快捷方式的文件名名称。例如，"F:\影音歌曲\真心英雄.mp3"，或单击"浏览"按钮，选择要添加的应用程序。

（3）单击"下一步"按钮，屏幕出现如图 4-15 所示的"选择程序文件夹"对话框。

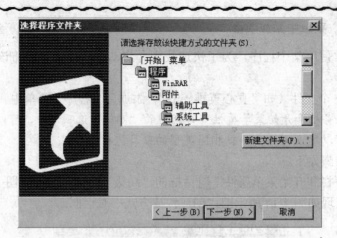

图 4-15　"选择程序文件夹"对话框

（4）选择存放快捷方式的文件夹。例如，选择"程序"文件夹。单击"下一步"按钮，出现"选择程序标题"对话框，在"键入该快捷方式的名称"文本框中输入程序的标题，如"真心英雄"。

（5）单击"完成"按钮，完成快捷方式的创建。这时，单击"开始"按钮，可以看到在"程序"菜单的子菜单中添加了"真心英雄"应用程序的快捷方式。

2．删除"开始"菜单中的项目

如果不再使用"开始"菜单中的某个项目，就可以将其从"开始"菜单中删除。具体的操作方法如下。

在"任务栏和开始菜单属性"对话框的"高级"选项卡中，单击"删除"按钮，打开"删除快捷方式/文件夹"对话框，如图 4-16 所示。选择要删除的项目，单击"删除"按钮，即可完成删除操作。

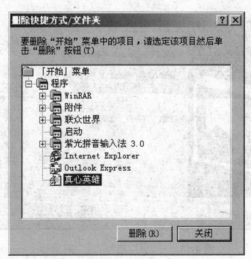

图 4-16　"删除快捷方式/文件夹"对话框

提示 删除"开始"菜单中项目的另一种方法是：右击"开始"菜单的子菜单中某一项目，通过弹出的快捷菜单，可以快速删除该项目。

3. 重新组织"程序"菜单中的项目

在"开始"菜单的"程序"子菜单中，放置了经常使用的程序，用户也可以重新组织"程序"子菜单中的项目。具体操作步骤如下。

（1）在"任务栏和开始菜单属性"对话框的"高级"选项卡中，如图 4-13 所示，单击"高级"按钮，出现如图 4-17 所示的窗口。

图 4-17 "程序"文件夹窗口

（2）在窗口的左窗格中，打开"开始菜单"文件夹；在右窗格中，可以使用文件和文件夹的有关操作，在"程序"文件夹中添加或删除选定的文件夹或程序文件，或将指定的一个或多个程序移动到另一个文件夹中，或将某个文件夹放到另一个文件夹中。这样就重新组织了"程序"子菜单中的项目。

4. 扩展"开始"菜单

在如图 4-13 所示的"高级"选项卡的下面是"'开始'菜单设置"列表框，利用该列表框可以扩展"开始"菜单。具体操作方法是在"'开始'菜单设置"列表框的复选框中选择一个要扩展的选项，如"扩展控制面板"选项，单击"确定"或"应用"按钮后，在"开始"菜单中就展开"控制面板"的子菜单。

阅读资料 7——日期和时间的设置

用户都希望计算机系统中的日期和时间比较准确，这样能给用户带来很多方便。例如，在新建文档或修改文档时，将最后保存文档的日期和时间记录在该文档的属性中，方便以后查看。如果系统日期和时间不准确，需要把它调整过来。具体操作方法是双击"控制面板"窗口中的"时间/日期"图标（或双击任务栏右侧的"时间"），打开"日期/时间属性"对话框，如图 4-18 所示。

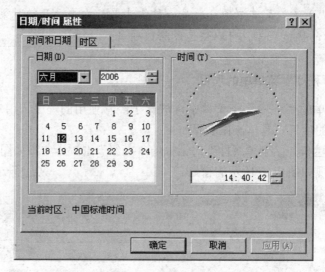

图 4-18　"日期/时间属性"对话框

在"时间和日期"选项卡中可以直接调整日期和时间。在"时区"选项卡中可以选择某一个时区，查看当前的时间。

另外，Windows 2000 的多语言技术使用户能够设置多种不同的日期和时间显示方式。打开"控制面板"窗口，双击"区域选项"图标，打开"区域选项"对话框。在该对话框中可以对日期和时间等进行设置，如图 4-19 所示。

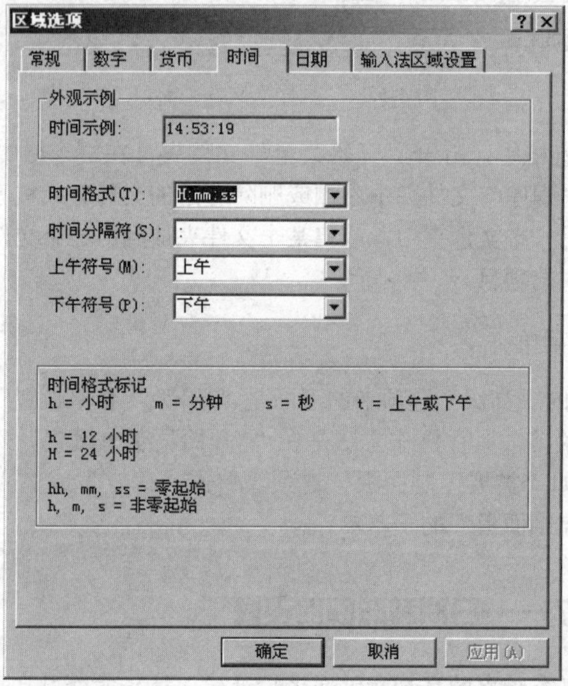

图 4-19　"时间"选项卡

在"时间"选项卡中，可分别对"时间格式"、"时间分隔符"、"上午符号"和"下午符号"进行设置，如图 4-19 所示。例如，在"时间格式"下拉列表中选择"H:mm:ss"格式，单击"应用"按钮，则在"时间示例"或系统状态栏就会按设置的格式显示时间。

在"日期"选项卡中，可设置短日期、长日期及其显示格式等。设置系统日期的显示格式后，Windows 2000 就以用户定义的格式显示系统当前的日期。

在"区域选项"对话框中，同样可以对系统的区域、数字、货币等属性进行设置。

4.3　键盘和鼠标的设置

键盘和鼠标是计算机中最基本的输入设备，用户可以根据自己的习惯设置键盘和鼠标属性。例如，按住键盘上的某个键时，该键所代表的字符重复出现的速度；鼠标指针的形状等。

4.3.1　设置键盘

设置键盘属性就是对键盘响应的速度进行设置。具体的操作方法如下。

（1）双击"控制面板"对话框中的"键盘"图标，打开如图 4-20 所示的"键盘属性"对话框。

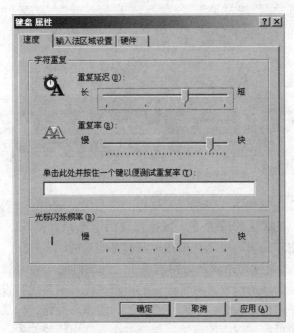

图 4-20　"键盘属性"对话框

（2）在"速度"选项卡中包含有"字符重复"和"光标闪烁频率"两个选项栏，选项栏各选项的含义如下。

① 重复延迟：当按住键盘上的某一个键时，出现第一个字符和第二个字符之间的时间间隔。通过调整标尺上的滑块，可以增大或减小重复延迟的时间。

② 重复率：按住键盘上的某一个键时，重复输入该字符的速度。通过调整标尺上的滑块，可以增大或减小字符的重复率。在该项标尺下面的文本框中可以按住键盘上的某一键，测试重复字符的重复延迟和重复率。

③ 光标闪烁频率：在输入字符的位置，光标闪烁的频率。光标闪烁太快，容易引起视觉疲劳。光标闪烁太慢，容易找不到光标的位置。

（3）单击"确定"按钮，完成对键盘的设置。

4.3.2 设置鼠标

由于 Windows 是图形界面的操作系统，在计算机的操作过程中已经离不开鼠标。设置鼠标属性是指用户可以设置左右手习惯、双击速度、指针形状、移动速度等。具体的操作方法如下。

（1）双击"控制面板"对话框中的"鼠标"图标，打开如图 4-21 所示的"鼠标属性"对话框。

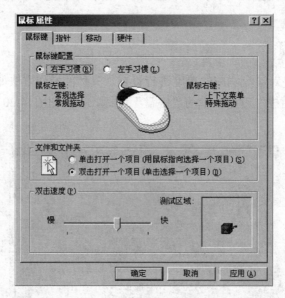

图 4-21   "鼠标属性"对话框

（2）在"鼠标键"选项卡中，可以设置鼠标的左右键、双击速度等。

① 鼠标键配置：在默认的情况下，鼠标左键用于选择、拖放，右键用于打开快捷菜单。对于习惯左手的用户来说，可以互换鼠标左右键的功能。

② 双击速度：双击速度是指双击时两次单击之间的时间间隔。对于一般的用户来说，双击速度可以采用系统默认的设置，对于个别的用户来说，需要进行设置。因为如果双击时连续两次单击的速度不够快，系统会认为是进行了两次单击操作。标尺是用来调整双击速度的，在"测试区域"中可测试双击的速度，如果"小人"出现或消失，表明能识别鼠标的双击操作。

③ 文件和文件夹：设置单击还是双击打开一个项目。系统默认的是双击打开一个项目。

（3）设置指针的形状。选择"指针"选项卡（如图 4-22 所示），在"方案"下拉列表中选择一种鼠标方案。例如，选择"恐龙"，则同时改变所有的指针形状。如果只更改一种指针，可以在"自定义"列表框中选定要改变的指针。

图 4-22　"指针"选项卡

（4）设置指针移动速度。选择"移动"选项卡（如图 4-23 所示），通过移动滑块可以调整鼠标指针移动的速度。指针移动的速度代表指针在屏幕上移动的速度快慢。

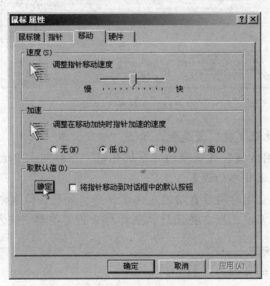

图 4-23　"移动"选项卡

（5）单击"确定"按钮，完成对鼠标的设置。

 阅读资料 8——设置休眠状态

当计算机长时间处于空闲状态时，可以将其设置为休眠状态，这时系统自动将内存中的数据保存到硬盘，并关闭监视器和硬盘，最后关闭计算机。

1. 自动处于休眠状态

设置计算机自动进入休眠状态的操作方法如下。

（1）选择"开始"→"设置"→"控制面板"命令，双击"电源选项"图标，在"电源选项属性"对话框中选择"休眠"选项卡，如图 4-24 所示。如果"电源选项属性"对话框中没有"休眠"选项卡，则表示计算机不支持该功能。

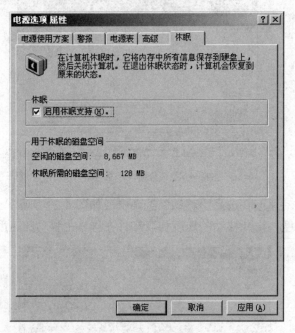

图 4-24　"休眠"选项卡

（2）选择"启用休眠支持"复选框，单击"确定"或"应用"按钮，启用休眠功能。

（3）在"电源使用方案"选项卡的"系统休眠"下拉列表中选择一个休眠时间，单击"确定"按钮，完成休眠状态的设置。

计算机将在指定的空闲时间后自动进入休眠状态。如果要结束休眠状态，必须打开主机电源，重新启动计算机系统，所有关闭计算机时打开的文档都将恢复到桌面。

2. 手工设置休眠状态

手工设置休眠状态的操作方法如下。

（1）在"电源选项属性"对话框中选择"高级"选项卡。

（2）在"在按下计算机电源按钮时"下拉列表中选择"休眠"，单击"确定"按钮，完成手工设置休眠状态。当按下计算机电源按钮时系统将进入休眠状态。

另外，也可以通过"开始"菜单中的"关机"命令，在"关闭 Windows 2000"对话框的"希望计算机做什么"下拉列表中选择"休眠"选项，单击"确定"按钮，使计算机进入休眠状态。

思考与练习 4

1. 填空题

（1）自定义桌面背景、屏幕保护程序及显示器的分辨率等，都要在_____对话框中进行设置。

（2）在 Windows 2000 中，为了打开"显示属性"对话框，应用鼠标右键单击桌面空白处，然后在弹出的快捷菜单中选择_____选项。

（3）选择一张图片作为 Windows 2000 的桌面背景，该图片在桌面的显示有_____、_____和_____三种方式。

（4）删除"开始"菜单中的项目，在"任务栏和开始菜单属性"对话框的"高级"选项卡中，单击"删除"按钮，打开_____对话框，选择要删除的项目进行删除操作。

（5）当按住键盘上的某一个键时，出现第一个字符和第二个字符之间的时间间隔是指键盘的_____属性。

（6）设置鼠标的双击速度，需要在"鼠标属性"对话框的_____选项卡中进行设置。

（7）在"鼠标属性"对话框的_____选项卡中，可以了解"⟨?⟩"表示_____，"⌛"表示_____。

2. 选择题

（1）在 Windows 2000 中，为了打开"显示属性"对话框以进行显示器的设置，下列操作中正确的是（　　）。

　　A. 用鼠标右键单击"任务栏"空白处，在弹出的快捷菜单中选择"属性"选项

　　B. 用鼠标右键单击桌面空白处，在弹出的快捷菜单中选择"属性"选项

　　C. 用鼠标右键单击"我的电脑"窗口空白处，在弹出的快捷菜单中选择"属性"选项

　　D. 用鼠标右键单击"资源管理器"窗口空白处，在弹出的快捷菜单中选择"属性"选项

（2）下列不属于显示器的外观设置的是（　　）。

　　A. 窗口和菜单　　　　　　　　B. 色彩方案

　　C. 字体大小　　　　　　　　　D. 分辨率

（3）在 Windows 2000 中，下列不属于自定义任务栏内容的是（　　）。

　　A. 总在最前　　　　　　　　　B. 自动隐藏

　　C. 屏幕区域　　　　　　　　　D. 使用个性化菜单

（4）Windows 2000 中，通过"鼠标属性"对话框，不能调整鼠标的（　　）。

　　A. 单击速度　　　　　　　　　B. 双击速度

　　C. 移动速度　　　　　　　　　D. 指针加速度

（5）当鼠标光标变成⟨箭头⟩形状时，通常情况是表示（　　）。

　　A. 正在选择　　　　B. 系统忙　　　　C. 后台运行　　　　D. 选定文字

（6）在 Windows 2000 中，要对系统环境的参数和设置进行调整，应打开的窗口是（　　）。

　　A. 我的公文包　　　　　　　　B. "我的文档"

　　C. "控制面板"　　　　　　　　D. 浏览器

3．简答题

（1）桌面背景墙纸图片的显示有哪几种方式？有什么区别？

（2）什么是活动桌面？

（3）设置屏幕保护程序的目的是什么？

（4）在"任务栏和开始菜单属性"对话框的"高级"选项卡中可以设置哪些项目？

（5）如何使任务栏上出现快速启动工具栏？

（6）设置鼠标的双击速度后，如何测试？

4．操作题

（1）更改桌面上"我的文档"和"回收站"图标。

（2）设置桌面背景，选择一幅图片作为桌面背景，分别设置居中、平铺和拉伸，观察设置效果。

（3）设置屏幕保护程序，选择一个屏幕保护程序，在屏幕的预览窗口中观察其效果。

（4）查看当前屏幕颜色设置的位数，试设置屏幕的颜色和显示区域的大小，并观察屏幕的显示效果。

（5）设置将"http://www.sohu.com"站点添加到桌面上。

（6）设置任务栏，在任务栏上出现快速启动工具栏。

（7）将一个程序文件添加到"程序"菜单中。

（8）设置任务栏，使任务栏自动隐藏。

（9）分别设置鼠标的左右键、双击速度，验证设置效果。

（10）设置鼠标指针形状，验证设置效果。

（11）设置鼠标指针的移动速度，验证设置效果。

第5章 Windows 附件程序的使用

在 Windows 2000 中内置了很多附件程序。附件程序是一些小的由微软公司开发的应用程序，它可以完成一些指定的工作或维护系统运行环境。包括娱乐程序、系统工具、游戏程序，以及"计算器"、"记事本"、"写字板"、"画图"等应用程序。

本章的主要内容包括：
- 使用标准型和科学型"计算器"。
- 使用"写字板"应用程序。
- 使用"画图"应用程序对图片进行处理。
- 使用"录音机"应用程序录制并简单地编辑声音。
- 使用 Windows Media Player 媒体播放器。

5.1 "计算器"

Windows 2000 提供的"计算器"具有标准型和科学型两类。标准型"计算器"用于简单的算术运算，它具有保存和累加数字的记忆特征；科学型"计算器"可用来进行数据的转换、统计分析和三角函数的计算等。

5.1.1 标准型"计算器"

使用标准型"计算器"的操作步骤如下。

（1）单击"开始"→"程序"→"附件"→"计算器"命令，打开如图 5-1 所示的"计算器"窗口。

图 5-1 标准型"计算器"

（2）标准型"计算器"由显示区、数字按钮、运算符按钮、存储按钮和操作按钮组成，其中部分按钮的功能如下。

MC：清除内存中的所有数字。

MR：读取内存区中的数字，并将数字保留在内存区中。

MS：显示的数字保存在内存区中。

M+：显示的数字与内存中已有的数字相加，相加后的结果保存到内存区中。

CE：清除当前显示的数值。

C：清除当前的计算。

在使用"计算器"计算出结果后，单击"编辑"菜单中的"复制"命令，可将结果复制到剪贴板中，以便在其他程序中使用。

5.1.2 科学型"计算器"

如果要进行较复杂的数学运算，例如，指数运算、三角函数运算、逻辑运算等，必须使用科学型"计算器"。具体操作步骤如下。

（1）打开标准型"计算器"，然后选择"查看"菜单中的"科学型"选项，屏幕显示科学型"计算器"，如图 5-2 所示。数据显示窗口的下方是数制和度量单位设置选项。

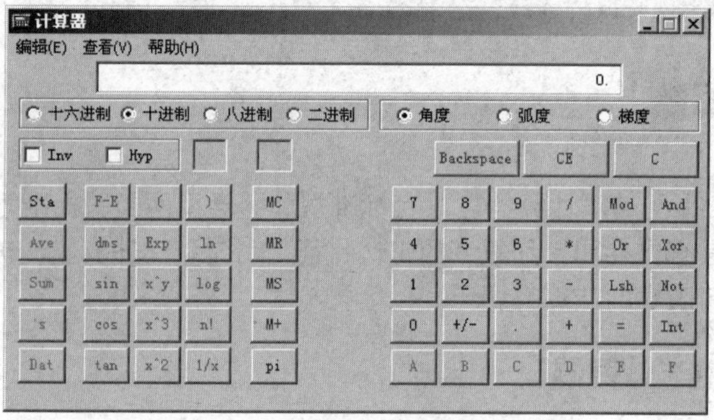

图 5-2　科学型"计算器"

（2）使用科学型"计算器"可进行指数运算、三角函数运算、逻辑运算，以及进行统计计算等高级功能的操作。

【例 5-1】计算一批数据：15、10、20、12、32 的和、平均值、标准差。

分析：对一批数据进行多种计算，可以使用标准型"计算器"逐个进行计算，更简单的方法是使用"计算器"提供的函数：Sum（和）、Ave（平均值）、s（标准差）进行计算。

操作方法如下。

（1）在科学型"计算器"中输入第一个数，如"15"，然后单击"Sta"按钮，打开如图 5-3 所示的"统计框"对话框。

（2）单击"Dat"按钮，则键入的第一个数字自动出现在"统计框"对话框的显示区。

（3）依次键入其余的数据，每输入一个数值之后均需单击"Dat"按钮，将输入的数字添加到"统计框"对话框的显示区中，如图 5-4 所示。输入所有数值之后，再单击"Sta"按钮。

（4）分别单击"Sum"、"Ave"、"s"按钮，即可得到以上数据的和、平均值和标准差的运算结果。

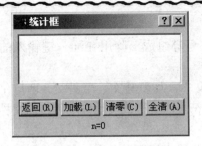

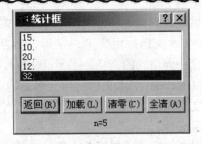

　　　　图 5-3　"统计框"对话框　　　　　　图 5-4　加载数据后的"统计框"对话框

5.2　"写字板"

　　Windows 2000 提供了两个字处理程序："记事本"和"写字板"。每个程序都提供了基本的文本编辑功能，但"写字板"的功能比"记事本"的功能更强。在"写字板"中不仅可以创建和编辑简单的文本文档，或者有复杂格式图形的文档，还可以将信息从其他文档链接或嵌入"写字板"文档。可以将使用"写字板"建立或编辑的文件保存为文本文件、多信息文本文件或者 Unicode（统一的字符编码标准）文本文件等。

　　启动"写字板"的操作方法是：单击"开始"→"程序"→"附件"→"写字板"命令，打开如图 5-5 所示的"文档-写字板"窗口。

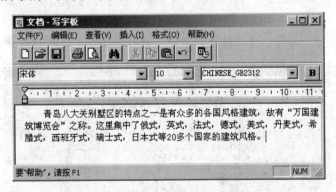

图 5-5　"文档-写字板"窗口

下面简要介绍"写字板"的基本操作方法。

5.2.1　创建文档

　　启动"写字板"后会创建一个默认格式的空白文档，用户可以在此文档中直接输入文本并进行编辑，也可以打开一个原来的文档。当编辑文档结束后，可以保存所创建的文档。编辑文档最基本的操作有剪切、复制、粘贴或删除文本；段落缩进；字体、字形或大小的设置；将对象链接或嵌入到"写字板"中；打印文档等。

　　通过单击"文件"菜单，然后单击"新建"、"打开"或"保存"命令，可以创建、打开和保存"写字板"文档。其中保存文档可以使用以下几种格式。

　　① Word 文档：在 Microsoft Word 6.0 或更高版本中不用转换就可打开和编辑的文档。

　　② RTF 文档：RTF（Rich Text Format，多信息文本格式）文档，可以包含由其他文字处理程序使用的字符格式和制表符的文本，也为一些程序提供多语言支持，甚至包括为拼写

检查提供几种词典。

③ 文本文档：由文字、字母、数字、标点符号等组成，除用 Enter 键输入的换行符外，不含任何格式的文档。

④ Unicode 文本文档：包含多语言字符集的文本，如罗马文、希腊文、西里尔文、中文、日文的平假名和片假名等，为处理使用不同字符集的文档或其他程序创建的文档提供了更大的灵活性。

如果要打印"写字板"文档，单击"文件"菜单的"打印"命令。在"打印"对话框的"常规"选项卡上，选择所需要的打印机并设置首选项，然后单击"打印"按钮。在打印文档之前通过"文件"菜单的"页面设置"命令对文档进行页面设置，通过"打印预览"命令可以查看在打印前的文档显示结果。

5.2.2　嵌入与链接对象

在"写字板"中可以通过嵌入或链接对象的方法与其他程序或文件共享信息，这些对象可以是由"写字板"外的其他软件创建的文档，如图像、表格、视频剪辑等。

嵌入是指将信息（例如文本或图形）插入文档，嵌入后的信息或对象成为新文档的一部分。要编辑内嵌对象，双击该对象，将打开创建该对象的程序。在完成编辑对象并返回到文档中时，文档将反映所做的全部改动，但源对象保持不变。

链接信息能使信息随源文件中的数据变化而动态更新，例如，电子表格数据。

在"写字板"文档中嵌入或链接对象的操作方法如下。

（1）单击"插入"菜单中的"对象"命令，打开如图 5-6 所示的"插入对象"对话框。

图 5-6　"插入对象"对话框

（2）要创建一个嵌入对象，选择"新建"单选按钮，然后在"对象类型"列表框中选择要创建的对象类型。

也可通过文件创建嵌入对象，选择"由文件创建"单选按钮（如图 5-7 所示），然后在"文件"文本框中键入文件存放的位置及文件名，或单击"浏览"按钮，查找文件。如果要链接对象，选中"链接"复选框。

（3）单击"确定"按钮。

用户也可以分别用"复制"和"粘贴"，或者"复制"和"特殊粘贴"嵌入或链接来自另一文档的对象。

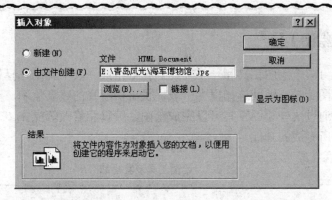

图 5-7　由文件创建嵌入对象

5.3　"画图"

"画图"是一个位图编辑工具，有很强的图形绘制和编辑功能，可以编辑或绘制各种类型的位图（bmp 格式）文件。使用"画图"应用程序可以绘制出各种多边形、曲线、圆形等标准图形，还可以处理图片（例如 jpg 和 gif 格式的文件），查看和编辑扫描好的照片，既可以将"画图"文档中的图片粘贴到其他文档中，也可以用做桌面背景，还可以在图形中插入文本，进行剪切、粘贴、旋转等操作，甚至还可以使用"画图"应用程序以电子邮件形式发送图形，使用不同的文件格式保存图像文件。

启动"画图"应用程序的操作步骤是：单击"开始"→"程序"→"附件"→"画图"命令，打开如图 5-8 所示的"未命名-画图"窗口。

图 5-8　"未命名-画图"窗口

"画图"窗口的左侧两列是由许多工具按钮组成的绘图工具箱，下方是颜料盒，又称调色板，含有多种可用的颜色，可用于图形填色、填充模式选择、背景设置等。

5.3.1　认识绘图工具

绘图工具箱由 16 个绘图工具和一个辅助选择框组成，其中辅助选择框中提供的选项内容对应所选择的绘图工具。辅助选择框中一般提供可供选择的线条粗细、点的大小、填充方式或绘图模式等。通过这些绘图工具可以完成绘图、编辑和修改等操作。表 5-1 列出了工具箱中绘图工具及其所完成的功能。

表 5-1　绘图工具及其功能

按 钮 名 称	功 能
任意形状剪裁	选定一个不规则的封闭区域
选定	选定一个矩形区域
橡皮擦	使用背景色擦除屏幕图像上的区域
颜色填充	将一个封闭区域填充为前景色或背景色
取色	从对象或颜料盒中选取一种颜色
放大镜	放大显示当前图形的某个区域
铅笔	绘制一个像素宽的线条
刷子	绘制不同大小和形状的图形
喷枪	喷出柔和的前景色，移动速度决定浓度
文字	在图形中加入文字
直线	绘制不同角度的直线
曲线	绘制不规则的曲线
矩形	绘制矩形或正方形
多边形	绘制多边形
椭圆	绘制椭圆或圆
圆角矩形	绘制圆角矩形或圆角正方形

在使用直线、矩形、椭圆和圆角矩形工具按钮的过程中，如果按住 Shift 键不动，则分别只能绘制水平线（垂直线、45°角倾斜直线）、正方形、圆和圆角正方形。

5.3.2　图片编辑

【例 5-2】使用"画图"应用程序编辑一张图片，选取图片中的一个区域，进行移动、复制等操作。

分析："画图"应用程序除了可以绘制一些简单的图形外，还可以作为编辑器，对一些图片进行编辑，甚至可以对图片的颜色进行设置，以使图片更加美观。在复制、移动图片区域之前必须先选定要复制或移动的区域，选定区域可以使用选取和任意形状剪裁工具。

在"画图"应用程序中打开一张图片，然后可以进行编辑。具体的操作步骤如下。

（1）可采用以下方法选择一个区域。

① 选取矩形区域：单击工具箱中的"选定"按钮，然后在图片上拖动鼠标选择区域，此时可以看到一个矩形选择框，如图 5-9 所示，放开鼠标左键即选定所需区域。

图 5-9　选择矩形区域

　　② 选取不规则区域：单击工具箱中的"任意形状剪裁"按钮，然后在图片上拖动鼠标，将要选择的区域画出一个闭合区域，放开鼠标左键，出现一个不规则区域的矩形选择框。

　　（2）按照下面的步骤移动或复制所选区域。

　　① 移动选定图片：先将鼠标指针指向所选规则或不规则区域，然后拖动鼠标即可移动选定的区域，如图 5-10 所示。

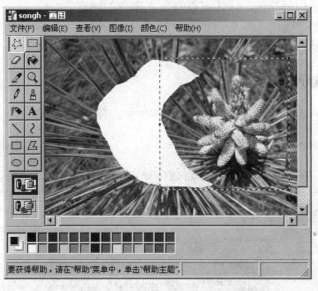

图 5-10　移动选定的不规则区域

　　② 复制选定图片：在选择图片的一个区域后，单击"编辑"菜单中的"复制"命令，然后再单击"编辑"菜单中的"粘贴"命令，选定的图片区域被复制到"画图"窗口中，再将复制的图片区域移动到需要的位置。

　　可以将在"画图"窗口中选取的图片区域复制到其他文档，如 Word 文档等。

> **提示**　按住 Ctrl 键，拖动选定的图片区域，即可复制图片。按住 Shift 键再拖动被选定的图片区域，则在移动轨迹上复制选定的图片区域。

拖动复制图片的效果与图片的透明或不透明方式有关。设置透明方式使用绘图工具中的██按钮，不透明方式使用绘图工具中的██按钮。

① 透明：指将移动或复制的图片重叠在另一图片上时，移动或复制的图片不覆盖原有的图片，这种方式指定现有图片可以透过选定内容显示出来，而且不显示选定区域的背景颜色。

② 不透明：指现有的图片将被移动或复制的图片所覆盖，这种方式指定用所选内容覆盖现有图片，并且使用选定对象的前景色和背景色。

5.3.3　颜色设置

在"画图"窗口的底部有一个颜料盒，如图 5-11 所示。如果没有出现该颜料盒，选择"查看"菜单中的"颜料盒"选项。颜料盒中有常用的 28 种颜色，左侧方框是当前的前景色和背景色。如果要改变前景色，用鼠标左击颜料盒中的颜色。如果要改变背景色，右击颜料盒中要使用的颜色。

图 5-11　"画图"程序的颜料盒

除了使用颜料盒中的颜色外，还可以自定义需要的颜色。自定义颜色的操作方法是：选择"颜色"菜单中的"编辑颜色"命令，或直接双击颜料盒中的某种颜色，在打开的"编辑颜色"对话框中选择需要的颜色，也可以自定义某种颜色。

5.3.4　图片处理

图片处理包括对图片进行翻转/旋转、拉伸/扭曲、反色、设置属性等操作。

1. 翻转/旋转

翻转/旋转是指将图片进行水平、垂直或按一定的角度旋转。具体的操作方法如下。

选择要进行翻转/旋转的区域，然后单击"图像"菜单中的"翻转/旋转"命令，打开如图 5-12 所示的对话框，根据需要进行设置。

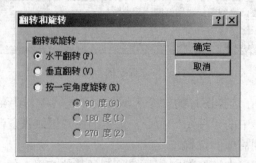

图 5-12　"翻转和旋转"对话框

2．拉伸/扭曲

拉伸/扭曲是指将图片在一定方向上进行变形操作。拉伸/扭曲操作又分为水平拉伸、垂直拉伸、水平扭曲和垂直扭曲。具体的操作方法如下。

选择要进行拉伸/扭曲的区域，然后单击"图像"菜单中的"拉伸/扭曲"命令，打开如图 5-13 所示的对话框，根据需要进行设置。

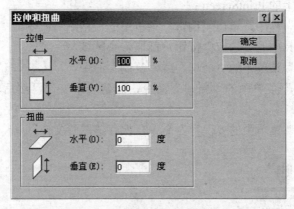

图 5-13　"拉伸和扭曲"对话框

拉伸和扭曲可以同时进行操作。

3．反色

反色是指使当前选择区域进行颜色反转处理。反转颜色有：黑色和白色反转、暗灰和亮灰反转、红色和青色反转、黄色和蓝色反转、绿色和淡紫色反转。

4．属性设置

属性设置是指设置图片的宽度和高度、黑白或彩色等。具体的操作方法如下。

打开要进行属性设置的图片，然后单击"图像"菜单中的"属性"命令，打开如图 5-14 所示的对话框。用户可以将彩色图片转换为黑白图片，但不能将黑白图片转换为彩色图片。

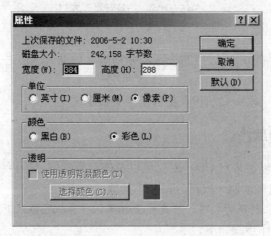

图 5-14　"属性"对话框

【例 5-3】 截取当前屏幕中的一个区域，作为一幅图片存放起来。

分析：截取屏幕的一个区域是经常要用到的操作，例如，在浏览网站、运行应用程序时，经常需要截取一个画面。

操作步骤如下。

（1）打开或切换到需要抓取的画面。

（2）按一下键盘上的 PrintScreen 键。

（3）启动"画图"程序，单击"编辑"菜单中的"粘贴"命令。

（4）单击绘图工具中的"选定"按钮，截取一个区域。

（5）单击"编辑"菜单中的"剪切"或"复制"命令。

（6）单击"文件"菜单中的"新建"命令，新建一个文件，然后单击"编辑"菜单中的"粘贴"命令。

（7）单击"文件"菜单中的"保存"命令，保存该图片文件。

5.4 "录音机"

使用 Windows 2000 提供的"录音机"应用程序，可以录制、混合、播放和编辑声音，也可以将声音链接或插入到另一文档中。启动"录音机"的操作方法是：单击"开始"→"程序"→"附件"→"娱乐"→"录音机"命令，打开"声音-录音机"窗口，如图 5-15 所示。部分按钮的功能如下。

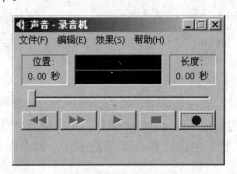

图 5-15　"声音-录音机"窗口

① ⬤："录音"按钮。

② ◀◀ ▶▶ ▶ ■：播放控制按钮，分别是"后退"、"前进"、"播放"和"停止"按钮。

③ 〰〰〰波形框：显示正在播放的声音波形。

5.4.1 录制和播放声音

使用"录音机"可以将来自 CD、麦克风以及外接音频信号等声音录制为声音文件。

【例 5-4】 使用麦克风录制一段声音，并不播放。

分析：使用麦克风录制声音之前，应先检查并确认计算机已经装有声卡、麦克风等设备。

录制声音的具体操作步骤如下。

（1）单击"录音机"窗口"文件"菜单中的"新建"命令。

（2）单击 ● 按钮，对着麦克风讲话就可以录音。要停止录音，单击 ■ 按钮。

（3）单击"文件"菜单中的"保存"命令，保存所录制的声音文件。

录制的声音以波形文件（.wav）保存起来。

声音文件可以使用媒体播放器播放，也可以使用"录音机"播放。使用"录音机"播放声音文件的操作步骤如下。

（1）打开"录音机"窗口，单击"文件"菜单中的"打开"命令，出现"打开"对话框，选择要播放的声音文件，单击"打开"按钮。

（2）单击 ▶ 按钮开始播放声音，也可以拖动滑块从任意位置播放。

5.4.2　编辑声音文件

使用"录音机"可以对声音文件进行简单的编辑和处理。例如，删除文件片断，在文件中插入声音、混入声音，改变播放速度，添加回响等。

1．删除部分声音

在录制声音的过程中，有些多余的声音也录制进来，如开头空白和一些杂音等。在录制结束后一般都要删除这些多余的声音。操作方法如下。

在"录音机"中打开要编辑的声音文件，将滑块移到要剪切的位置，单击"编辑"菜单中的"删除当前位置以前的内容"或"删除当前位置以后的内容"命令，删除指定部分的内容。

2．插入和混入声音

插入声音是指将一段声音从插入点开始，复制到一段已经存在的声音中，原插入点后的声音片断往后移。插入声音的操作步骤如下。

（1）使用"录音机"打开要修改的声音文件，将滑块移动到文件中要插入声音文件的位置。

（2）单击"编辑"菜单中的"插入文件"命令，从打开的"插入文件"对话框中选择要插入的声音文件，单击"打开"按钮。

插入声音文件后，可以试听一下插入的声音效果。

混入声音是指将一段新声音片断与原声音重叠在一起。混入声音的操作步骤如下。

（1）使用"录音机"打开要修改的声音文件，将滑块定位到声音混入点。

（2）单击"编辑"菜单中的"与文件混音"命令，打开"混入文件"对话框，选择要混入的声音文件，单击"打开"按钮。

混入声音文件后，可以通过播放来试听混入的声音效果。

5.5　"媒体播放器"

Windows 2000 为多媒体计算机提供了高性能的平台，并且提供了丰富的多媒体工具，可以利用它们来播放音乐、VCD 影碟以及录制声音等。一台计算机中安装了 CD-ROM 驱动器、声卡、音箱以及播放 VCD 或 DVD 需要的解压卡和相应的解压软件，就可以播放 VCD（或 DVD）影碟、录音及玩游戏等。如果要进行多媒体制作，还需要附加设备，包括视频摄像机、视频采集卡和一些生成或采集动画的设备等。

　　Windows Media Player 是一种通用的多媒体播放器，可用于播放当前以最流行格式制作的音频、视频和混合型多媒体文件。使用 Windows Media Player（如图 5-16 所示），可以收听或查看运动队的比赛实况新闻报道或广播，还可以回顾 Web 站点上的演唱会，参加音乐会或研讨会，或者提前预览新片剪辑。

图 5-16　Windows Media Player 媒体播放器

5.5.1　"媒体播放器"的组成

　　Windows Media Player 媒体播放器窗口由以下一些组件组成。

　　① 导航栏：包含"前进"和"后退"按钮，用于打开在本次运行期间播放的媒体文件。另外还包含"媒体指南"、"音乐"和"电台"按钮，用于访问更多的媒体文件。

　　② 视频区：显示当前所播放文件的视频内容，包含广告标语。

　　③ 字幕区：如果媒体文件提供字幕，则会显示字幕。

　　④ 搜索栏：显示当前剪辑的进度。当启动搜索栏时，可拖动进度指示器，选择剪辑中的某一位置以便开始播放。

　　⑤ 控制部件：包括播放、暂停、停止、向前跳进、向后跳进、快退、快进、预览、静音和音量控制等控制部件。

　　⑥ 转到栏：显示媒体文件中的标记列表。当从列表中选定标记后，Windows Media Player 便开始播放与之相关联的媒体文件部分。

　　⑦ 显示区：可以显示的信息包括节目的标题、剪辑的标题、作者和版权（如果这些信息已包括在媒体文件中）。

　　⑧ 状态栏：显示播放器的当前状态（如正在连接、正在进行缓冲处理、正在播放或已暂停）、接收质量、文件的已播放时间和总时间以及用于声音和字幕的图标。

5.5.2　播放媒体文件

　　Windows Media Player 可以播放的文件类型很多，表 5-2 列出了 Windows Media Player 可播放的媒体文件类型。

表 5-2　Windows Media Player 可播放的媒体文件类型

媒 体 格 式	文件扩展名
Microsoft Windows Media 格式	avi、asf、asx、wav、wma、wax、wmx、wm
Moving Pictures Experts Group（MPEG）	mpg、mpeg、m1v、mp2、mp3、mpa、mpe
Musical Instrument Digital Interface（MIDI）	mid、midi、rmi
Apple QuickTime（R），Macintosh（R）AIFF Resource	qt、aif、aifc、aiff、mov
UNIX 格式	au、snd

使用 Windows Media Player 可以收听 Internet 广播、音乐，还可以播放自己喜欢的音乐或视频。例如，播放一首 mp3 乐曲，单击"文件"菜单中的"打开"命令，从打开的对话框中选择要播放的 mp3 音乐文件，然后单击"确定"按钮。

使用 Windows Media Player 播放 VCD 光盘的方法比较简单。将 VCD 光盘插入 CD-ROM 驱动器，当 Windows Media Player 正在运行且未播放其他内容时，VCD 光盘就会自动开始播放。

提示　如果 Windows Media Player 不能自动播放 VCD 光盘时，说明 Windows 版本不支持自动播放 VCD 光盘功能。要手动播放 VCD 光盘，单击媒体播放器"文件"菜单的"打开"命令，在"打开"对话框中定位到 VCD 光盘所在的驱动器，双击该驱动器的"MPEGAV"文件夹，在"文件类型"下拉列表中选择"所有文件（*.*）"选项，然后选择一个扩展名为"dat"的文件，播放器就开始播放 VCD 光盘。

用户可以从微软公司网站上下载运行在 Windows 2000 环境下的 Windows Media Player 9.0，无论从性能还是工作界面都做了大的改进，如图 5-17 所示。

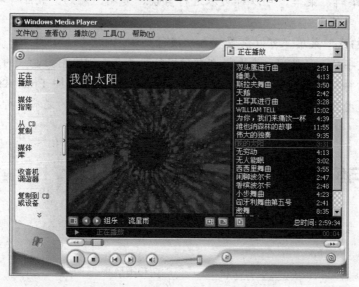

图 5-17　Windows Media Player 9.0 工作界面

目前最新的 Windows Media Player 是第 11 版，它是运行在 Windows XP 环境下的媒体播放器，为播放数字多媒体文件提供了丰富与灵活的功能。使用它可以轻松管理计算机上的数字音乐库、数字照片库和数字视频库，并且可以将它们同步到各种便携设备上，以便用户可以随时随地欣赏它们。

阅读资料9——"记事本"简介

"记事本"是一个小型文本编辑程序，它只能以 ASCII 码格式打开和保存文件（纯文本），文件的大小不超过 64 KB。"记事本"可以非常方便地用来查看或编辑一些小的文本文件（.txt）。

"记事本"窗口非常简洁，只有标题栏和菜单栏。在"记事本"窗口中输入文本时，光标所指的插入点会自动移动，当需要换行时，可以按 Enter 键，将光标移到下一行。启动"记事本"的操作步骤如下。

单击"开始"→"程序"→"附件"→"记事本"命令，打开如图 5-18 所示的"未定标题 记事本"窗口。

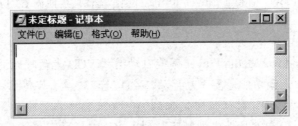

图 5-18　"未定标题-记事本"窗口

① 通过"文件"菜单，可以新建一个文件、打开现有的文件、保存文件、设置打印页面和打印文件等。

② 通过"编辑"菜单，可以对文本进行剪切、复制、粘贴、删除等操作，还可以查找、替换指定的字符串。

③ 通过"格式"菜单，可以设置"自动换行"和"字体"。"记事本"是以行为单位存储用户输入的文字的。如果用户未选择"自动换行"命令，则当用户输入的文本超过窗口的宽度时，窗口会自动向左滚动，使所输入的内容在一行上，只有按 Enter 键时才产生换行。"字体"命令是用来设置"记事本"文件的字体的，可以对输入的文本进行字体、字形和字号的设置。

思考与练习5

1. 填空题

（1）Windows 2000 提供了＿＿＿＿＿和＿＿＿＿＿两种类型的"计算器"。

（2）Windows 提供了两个字处理程序，分别是＿＿＿＿＿和＿＿＿＿＿。

（3）使用"写字板"建立或编辑的文件可以保存为＿＿＿＿、＿＿＿＿、＿＿＿＿或＿＿＿＿等。

（4）若用"写字板"创建一个文档，当用户没有指定该文件的存放位置时，则系统将该文件默认存放在＿＿＿＿＿文件夹中。

（5）用 Windows 2000 的"记事本"所创建文件的默认扩展名是_____。

（6）Windows 2000 提供了一个图像处理程序，通过它可以绘制一些简单的图形，这个程序是_____。

（7）使用"画图"程序选取一个矩形区域，应该使用工具箱中的_____按钮。

（8）使用"画图"程序翻转/旋转图片，可以按_____、_____或_____方向进行。

（9）使用 Windows 2000 提供的_____，可以录制、混合、播放和编辑声音。

（10）使用"录音机"的_____功能，可将一段声音与当前声音重叠在一起。

（11）Windows Media Player 不仅可以播放 CD、VCD 光盘，还可以收听_____。

2．选择题

（1）下列程序不属于附件的是（　　）。

    A．"计算器"　　　　B．"记事本"　　　　C．"网上邻居"　　　　D．"画图"

（2）在 Windows 2000 中，要进行一些简单的计算，应通过（　　）调用"计算器"。

    A．"资源管理器"　　B．"控制面板"　　　C．"附件"菜单　　　　D．MS-DOS 方式

（3）Windows 2000 中，有关"写字板"的说法正确的是（　　）。

    A．不能设置字符颜色　　　　　　　　B．不能设置字符大小

    C．不能输入数字　　　　　　　　　　D．不能设置行间距

（4）使用"写字板"建立的文件可以保存为（　　）格式。

    A．xls　　　　　　　B．wav　　　　　　C．txt　　　　　　　D．bmp

（5）在"画图"程序中绘制一个圆，需要按住（　　）键进行绘制。

    A．Ctrl　　　　　　B．Shift　　　　　C．Alt　　　　　　　D．Tab

（6）使用"画图"程序选取一个不规则的封闭区域，应该使用工具箱中的（　　）按钮。

    A．▢　　　　　　　B．⚹　　　　　　C．◿　　　　　　　D．✧

（7）使用"画图"程序，（　　）。

    A．可以将黑白图片转换成彩色图片

    B．可以将彩色图片转换成黑白图片

    C．既可以将黑白图片转换成彩色图片，也可以将黑白图片转换成彩色图片

    D．以上都不对

（8）使用"录音机"默认一次录音的最大长度为（　　）。

    A．30 s　　　　　　B．60 s　　　　　C．90 s　　　　　　D．任意长度

（9）在下列选项中，（　　）不是 Windows Media Player 所能实现的功能。

    A．播放 mp3 乐曲　B．播放 VCD 光盘　C．收听广播　　　　D．录制电影

3．简答题

（1）"计算器"有哪两种类型？

（2）如何在"写字板"中嵌入或链接对象？

（3）在"画图"中如何绘制 45°角倾斜直线、正方形、圆和圆角正方形？

（4）使用"录音机"如何删除一段含有杂音的声音？

（5）如何将两段声音文件合并成一个声音文件？

（6）如何使用 Windows Media Player 播放 VCD 光盘？

4. 操作题

（1）使用"计算器"分别计算十进制数值 45、7 364 598 对应的二进制、八进制和十六进制数值。

（2）使用"计算器"计算系列数据 23、34、56.4、32、21.45、76、356 的和及其平均值。

（3）使用"写字板"创建一个文档，输入下列一段文字，然后保存起来。

彩虹是光线以一定角度照在水滴上所发生的折射、分光、内反射、再折射等造成的大气光象。光线照射到雨滴后，在雨滴内会发生折射，各种颜色的光发生偏离，其中紫色光的折射程度最大，红色光的折射最小，其他各色光则介乎于两者之间。折射光线经雨滴的后缘内反射后，再经过雨滴和大气折射到我们的眼里，由于空气悬浮的雨滴很多，所以当我们仰望天空时，同一弧线上的雨滴所折射出的不同颜色的光线角度相同。于是我们就看到了内紫外红的彩色光带，即彩虹。

有时在彩虹的外侧还能看到第二道彩虹，光彩比第一道彩虹稍淡，色序是外紫内红，为副虹或霓。

（4）使用"画图"程序打开一幅图片，将图片分别做水平翻转、垂直翻转及按一定角度旋转。

（5）使用"画图"程序将图片分别做按比例拉伸和按角度扭曲操作。

（6）使用"画图"程序使图片呈反色显示，并将两幅图片进行对比。

（7）使用"画图"程序绘制一个奥运五环标记。

（8）使用"画图"程序分别绘制水平线、正方形、圆和圆角正方形。

（9）使用"录音机"录制一段自己的声音，并保存起来。

（10）删除声音中有杂音的部分。

（11）录制一段声音，分别插入和混入前面录制的声音。

（12）使用 Windows Media Player 播放一首 mp3 乐曲。

（13）使用 Windows Media Player 收听广播。

第6章 软件和硬件的安装

没有安装任何软件的计算机称为"裸机"。即使新购买的计算机，往往只安装了最基本的 Windows 操作系统及最常用的应用软件，如 Office 2003、杀病毒软件等，安装应用程序是经常性的工作。有时还会把那些不再使用的应用程序从计算机中删除，以释放磁盘空间，这就需要用到卸载应用程序的功能。用户在使用计算机过程中，需要不断地安装软件、硬件及打印机，才能发挥计算机的性能和优势。

本章的主要内容包括：
- 添加和删除应用程序。
- 添加和删除 Windows 组件。
- 安装和卸载计算机硬件。
- 安装和配置打印机。

6.1 应用程序的添加与删除

在 Windows 2000 中安装应用程序的方法有很多种，可以在"资源管理器"窗口中直接双击磁盘或 CD-ROM 中应用程序的安装文件"Setup.exe"或"Install.exe"；也可以通过"开始"菜单中的"运行"命令，在"运行"对话框中键入要运行的安装程序名，直接运行安装文件。下面介绍通过 Windows 2000 提供的"添加/删除程序"向导，添加或删除应用程序的方法。

6.1.1 添加应用程序

通过"添加/删除程序"向导安装应用程序的方法如下。

（1）在"控制面板"中双击"添加/删除程序"图标，打开"添加/删除程序"窗口，如图 6-1 所示。

（2）单击"添加新程序"图标按钮，将程序安装磁盘或光盘插入驱动器，再单击窗口右侧的"光盘或软盘"按钮，根据向导安装应用程序，如图 6-2 所示。

6.1.2 更改或删除应用程序

对于在 Windows 2000 已安装的应用程序，可以进行更改或删除程序操作。

【例 6-1】某台计算机已经安装了 Word 2000，但没有安装公式编辑器，试在该计算机上安装公式编辑器。

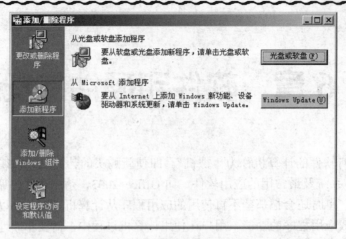

图 6-1　"添加/删除程序"窗口

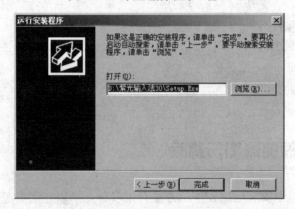

图 6-2　"运行安装程序"对话框

分析：Word 2000 是 Microsoft Office 2000 中的一个组件，Office 2000 为用户提供丰富的办公用工具程序。在安装 Office 2000 时，特别是选择典型安装，只安装了部分 Office 工具，其他根据需要用户自己安装，但要记住需要准备 Office 2000 安装光盘。

操作方法如下。

（1）在"添加/删除程序"窗口，单击"更改或删除程序"图标按钮，在窗口的右侧显示已安装的 Windows 应用程序。例如，Microsoft Office 2000 Premium，如图 6-3 所示。

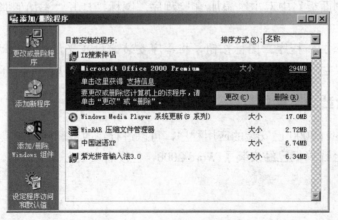

图 6-3　"更改或删除程序"窗口

（2）在"目前安装的程序"列表框中选择要更改或删除的程序。例如，选择"Microsoft Office 2000 Premium"，将 Office 2000 安装光盘放入到 CD-ROM 驱动器中，然后单击"更改"按钮，出现"Microsoft Office 2000 维护模式"窗口，如图 6-4 所示。

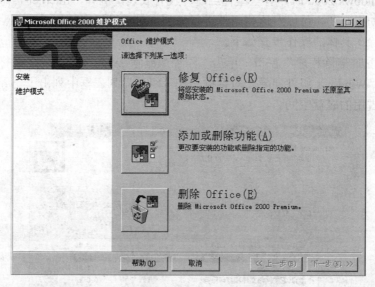

图 6-4　"Microsoft Office 2000 维护模式"窗口

（3）单击"添加或删除功能"图标按钮，从展开的"Office 工具"列表中选择"公式编辑器"，再选择"从本机运行"选项，如图 6-5 所示，最后单击"开始更新"按钮。

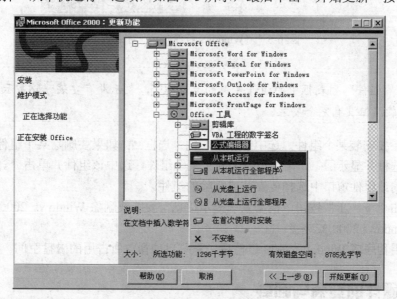

图 6-5　选择"公式编辑器"选项

（4）系统自动运行并安装公式编辑器，安装后就可以在 Word 2000 中使用公式编辑器插入数学公式等。

同样的方法，可以在"目前安装的程序"列表框中选择并删除已安装的应用程序。如果在"目前安装的程序"列表框中没有列出的程序，要彻底删除该程序是比较困难的。对于一般的用户，简单的方法是在"资源管理器"窗口中删除该应用程序所在的文件夹。

6.1.3　添加或删除 Windows 组件

在安装 Windows 2000 时，有些组件当时并没有安装，例如，Internet 信息服务、管理和监视工具等。如果需要，可以对这些组件进行安装。对于已经安装的 Windows 2000 组件，也可以进行删除。具体的操作步骤如下。

（1）在"添加/删除程序"窗口，单击"添加或删除 Windows 组件"图标按钮，出现如图 6-6 所示的"Windows 组件向导"对话框。在"组件"列表框中列出了已经安装和没有安装的组件及所占用的磁盘空间。

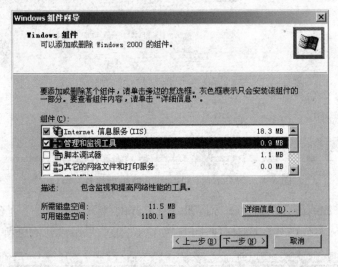

图 6-6　"Windows 组件向导"对话框

> **提示**　"组件"列表框中的组件左侧的复选框□，表示没有安装；☑表示已经安装；☑表示已安装，但没有完全安装。

（2）如果要安装某个组件，选中该组件左侧复选框☑；如果要删除某个组件，单击该组件左侧的复选框并显示□；如果要不完全安装某个组件，选中该组件并单击"详细信息"按钮，在打开的该组件窗口中选择要安装或删除的组件。

（3）单击"下一步"按钮，根据系统提示信息，安装或删除 Windows 2000 组件，有时需要用到 Windows 2000 安装盘。

删除应用程序或 Windows 2000 组件后，系统自动释放所占用的磁盘空间。

6.2　硬件的安装与卸载

计算机硬件设备以不同的方式与计算机相连。有些设备是直接插入计算机扩展槽内的，例如，显卡、网卡、声卡等；有些设备通过计算机外部的端口与计算机相连，例如，键盘、鼠标、打印机等；还有一些设备有内置和外置之分，例如，调制解调器（MODEM）。

每个设备都有自己的驱动程序，安装计算机硬件设备时需要安装设备驱动程序。设备驱动程序一般由设备制造商提供，另外，Windows 2000 也提供了一些常用设备的驱动程序。

由于 Windows 2000 具有强大的即插即用功能，使得新硬件的安装更加容易。对于即插即用设备，系统会自动添加设备驱动程序；对于非即插即用设备，可以通过 Windows 2000 的硬件安装向导来安装设备驱动程序。

6.2.1　安装硬件设备

安装新的硬件设备，必须以系统管理员或者系统管理员用户组成员的身份登录。如果通过网络安装，则必须获得一定的网络权限。安装新硬件的一般操作步骤如下。

（1）将硬件设备连接到计算机上（扩展槽内或外部端口）。

（2）安装设备驱动程序。

（3）对设备的一些属性进行设置。

在安装一些硬件设备时，需要关闭计算机电源，连接好硬件后，重新启动计算机。

1．安装即插即用设备

安装即插即用设备的具体操作步骤如下。

（1）关闭计算机，根据制造商提供的设备安装说明，将设备正确连接到计算机上。

（2）打开设备电源，再打开计算机电源并启动 Windows 2000，Windows 将自动检测新的即插即用设备，根据提示信息，使用制造商提供的驱动程序或 Windows 2000 自带的驱动程序，完成硬件的安装。

对于 USB 接口的设备，用户可以直接安装或卸载而不用关闭计算机。

如果 Windows 2000 没有检测到新的即插即用设备，该设备可能没有正常工作、没有正确安装或没有安装。

2．安装非即插即用设备

如果用户安装的不是即插即用设备，需要使用"添加/删除硬件"向导来完成安装。安装非即插即用设备的具体操作步骤如下。

（1）关闭计算机，根据制造商提供的设备安装说明，将设备正确连接到计算机上，然后打开计算机电源并启动 Windows 2000。

（2）在"控制面板"窗口，双击"添加/删除硬件"图标，出现"添加/删除硬件向导"对话框。

（3）单击"下一步"按钮，出现"选择一个硬件任务"页面，如图 6-7 所示，选择"添加/排除设备故障"单选项。

（4）单击"下一步"按钮，系统开始检测新的即插即用设备。如果要添加的设备没有显示在设备列表框中，单击"添加新设备"，如图 6-8 所示。单击"下一步"按钮，出现"查找新硬件"页面，如图 6-9 所示。

如果希望 Windows 2000 检测新的非即插即用设备，选择"是，搜索新硬件"单选项。当检测到新硬件时，它会检查该设备的当前设置，并安装适当的驱动程序。

如果知道硬件的种类和型号，可以选择"否，我想从列表选择硬件"单选项。然后根据向导提示，指定所要添加硬件的种类、型号等，并安装设备驱动程序。

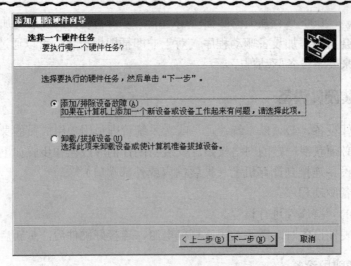

图 6-7　"选择一个硬件任务"页面

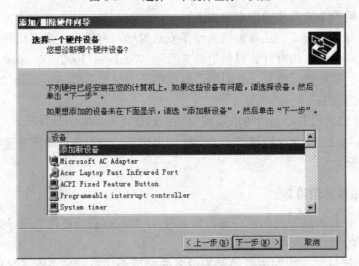

图 6-8　"选择一个硬件设备"页面

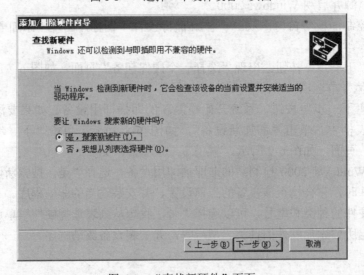

图 6-9　"查找新硬件"页面

6.2.2　卸载硬件设备

使用"添加/删除硬件向导"可以删除已经安装在系统中的硬件设备，实际上使用该向导是删除设备驱动程序，以防止数据丢失或造成计算机或设备故障。具体的操作步骤如下。

（1）在如图 6-7 所示的"选择一个硬件任务"页面中，选择"卸载/拔掉设备"单选项，单击"下一步"按钮，出现如图 6-10 所示的页面。

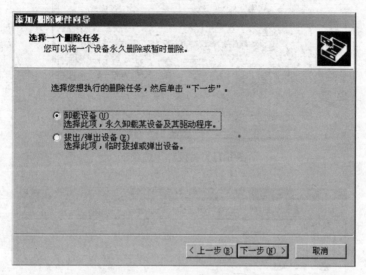

图 6-10　"选择一个删除任务"页面

（2）如果要永久卸载某设备及其驱动程序，选择"卸载设备"单选项。如果只是临时拔掉或弹出设备，选择"拔出/弹出设备"单选项。单击"下一步"按钮，选择要卸载的设备，根据屏幕提示操作。

在卸载或拔掉设备后，再从计算机中移走该设备。

> 提示　对于即插即用设备，一般不用通过"添加/删除硬件"向导来卸载，可以直接将即插即用设备从计算机上拔出。

另外，通过"设备管理器"也可以浏览或添加/删除硬件设备。具体的操作步骤如下。

（1）在"控制面板"窗口中，双击"系统"图标，出现"系统特性"对话框，选择"硬件"选项卡，如图 6-11 所示。

（2）单击"设备管理器"按钮，打开"设备管理器"窗口，在该窗口中显示与用户计算机相连的所有硬件设备，右击一个设备选项，通过快捷菜单可以停用或卸载该硬件设备，如图 6-12 所示。

（3）如果是卸载设备，卸载完成后将设备从计算机中拔出，重新启动计算机。

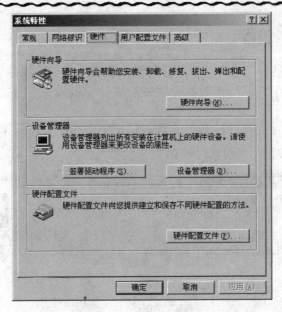

图 6-11   "硬件"选项卡

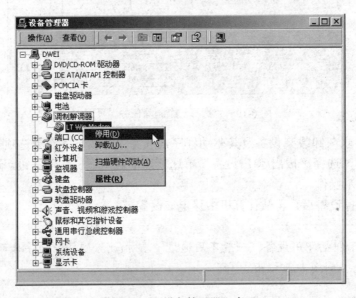

图 6-12   "设备管理器"窗口

提示   如果有一个"×"标记覆盖在设备图标上，表示该设备被禁用。再次启用该设备时，右击该设备名称，从快捷菜单中选择"启用"命令。如果有一个"！"标记覆盖在设备图标上，表示该设备与其他设备在使用资源上发生冲突。

6.3   打印机的安装

打印机是计算机系统中常见的设备之一。用户使用打印机可以打印文档、图形以及其他

资料，并可以对打印机进行打印字体、打印质量和打印速度等属性的设置。Windows 2000
系统中带有多种类型的打印机驱动程序，安装打印机时，系统会根据用户选择的打印机型号
进行相关的设置。如果找不到打印机的驱动程序，可以从随机带的 CD-ROM 光盘中安装打
印机驱动程序。

6.3.1　安装本地打印机

打印机分为本地打印机和网络打印机。本地打印机是指用户计算机通过电缆线与打印机
相连；而网络打印机是指用户计算机通过网络与其他计算机的打印机相连，或与网络打印机
直接相连。

连接计算机的打印机多为并口，也有 USB 接口的打印机。安装 USB 接口的打印机比较
简单，只需连接好 USB 数据线和打印机电源后，系统便会自动搜寻并安装驱动程序。如果
找不到安装程序，系统提示用户指定安装程序，然后自动完成安装。

下面以安装本地打印机为例，介绍打印机的一般安装方法。

【例 6-2】现有一台 HP LaserJet 6L 打印机，要求连接到本地计算机上。

分析：在连接打印机前，必须先将打印机的数据线和电源线与用户计算机相连，然后才
能安装打印机驱动程序。

操作方法如下。

（1）双击"控制面板"中的"打印机"图标，或打开"开始"菜单，单击"设置"中
的"打印机"命令，打开"打印机"窗口，如图 6-13 所示。如果已经安装了其他型号的打
印机，该文件夹中会显示已安装打印机的图标和名称。

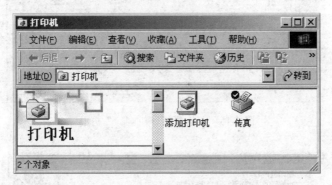

图 6-13　"打印机"窗口

（2）双击"添加打印机"图标，打开"添加打印机向导"对话框，单击"下一步"按
钮，出现"本地或网络打印机"页面，选择"本地打印机"单选按钮，如图 6-14 所示。如
果选择"自动检测并安装我的即插即用打印机"复选项，系统会自动检测打印机的型号，并
安装相应的打印驱动程序。

（3）单击"下一步"按钮，出现"选择打印机端口"页面，如图 6-15 所示。一般情况
下选择"LPT1："端口。

（4）单击"下一步"按钮，出现"添加打印机向导"页面，根据打印机的制造商和型
号选择相应的驱动程序。例如，选择"惠普"和"HP LaserJet 6L"，如图 6-16 所示。如果
找不到打印机相应的制造商及型号，可以从软盘或 CD-ROM 光盘中安装打印机驱动程序。

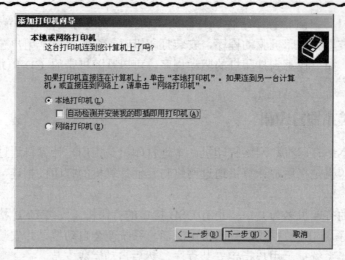

图 6-14　"本地或网络打印机"页面

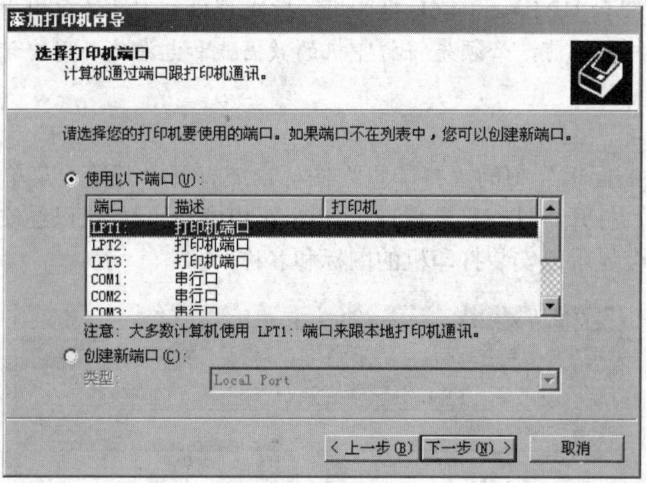

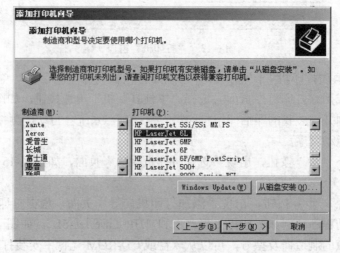

图 6-15　"选择打印机端口"页面

图 6-16　"添加打印机向导"页面

（5）单击"下一步"按钮，打开"命名打印机"对话框，给添加的打印机设置一个名称，可以采用系统给出的名称，并设置为系统默认的打印机。单击"下一步"按钮，系统提示"是否共享这台打印机"，如果希望网络中的其他用户使用，选择"共享为"，否则，选择"不共享这台打印机"选项。

（6）单击"下一步"按钮，系统给出在安装结束时是否打印测试页。用户可根据测试页观察设置是否有错误。如果有错误，检查打印机故障，重新安装打印机驱动程序；如果没有错误，单击"完成"按钮，结束打印机驱动程序的安装。

这时在"打印机"窗口中新增加了一个打印机图标。

6.3.2　设置打印机

用户计算机中可以安装多个不同的打印机驱动程序，每个驱动程序对应不同的打印机。即使同一台打印机，在打印不同的作业时，可能需要进行不同的设置。

1．设置默认打印机

用户在打印作业时，如果不指定其他的打印机，系统将自动使用默认打印机进行打印作业。如果有多台打印机，必须设置一台打印机为默认的打印机。设置默认打印机的操作步骤如下。

图 6-17　设置打印机快捷菜单

（1）打开"打印机"窗口，右击要设置的打印机图标，从快捷菜单中选择"设为默认打印机"命令项，如图 6-17 所示。

（2）此时在该打印机图标前出现复选标记。这时默认打印机就设置好了。

2．打印机的常规设置

对打印机的常规选项进行设置，需要打开打印机的属性窗口。具体的操作方法如下。

（1）打开"打印机"窗口，右击要设置的打印机，然后选择快捷菜单中的"属性"命令，打开打印机的属性设置对话框，如图 6-18 所示。

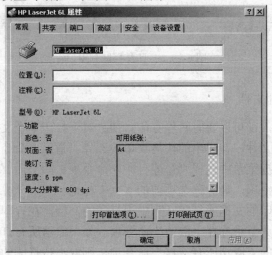

图 6-18　"常规"选项卡

（2）在"常规"选项卡中，可以对打印机名称、位置、注释、打印首选项和打印测试页进行设置。

① 打印首选项：单击该按钮，打开"打印首选项"对话框，可以设置打印的方向、每张纸打印的页数、纸张来源及打印质量等。如果要更改纸张类型、打印质量等，可通过"纸张"和"完成"选项卡进行设置。单击"高级"按钮，可进行高级文档设置。

② 打印测试页：单击该按钮，打印一张测试页，通过该页可以判断打印的质量是否满意，如果不满意，可以通过疑难解答来解决或重新安装打印机。

另外，在"共享"选项卡中，可以通过本地计算机设置该打印机为共享打印机，供网络中的其他计算机使用。

6.3.3　打印作业管理

当打印机安装和设置好以后，就可以打印文档资料了。例如，打开需要打印的 Word 文档，单击工具栏上的"打印"按钮，使用默认的打印机进行打印。

1．查看打印文档

当用户打印文档时，Windows 2000 会创建一个临时打印文件，临时文件被保存在计算机的硬盘上。当临时文件创建之后，打印进入后台状态，用户可继续进行其他操作，而打印文档被加入到打印队列之中。如果打印队列中有多个等待打印的文档，排在前面的文档优先打印。

查看打印文档的方法是：双击任务栏上的打印机图标，打开打印文档队列窗口，如图6-19 所示。在此窗口中可以看到每个文档的打印状态。如果打印队列为空或打印机图标从任务栏上消失，则说明全部文档已经打印结束。

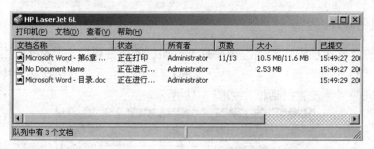

图 6-19　打印文档队列窗口

2．暂停或取消打印文档

打印队列中的文档，都可以随时暂停打印。如果暂停打印单个文档，在打印文档队列窗口可以通过右键单击该文件，在弹出的快捷菜单中选择"暂停"命令项。如果暂停打印所有文档，可以在打印机快捷菜单中选择"暂停打印"命令项。如果需要继续打印文档，可以再次使用"暂停打印"命令项，清除该选项前的"√"标记。

如果要取消正在打印的文档或打印队列中未打印的文档，在打印文档队列窗口中右击该文档名，在弹出的快捷菜单中选择"取消"命令项。如果取消所有打印队列中的文档，可以选择打印机快捷菜单中的"取消所有文档"命令项，则取消待打印的全部文档。

阅读资料 10——安装网络打印机

为提高设备的利用率，很多单位普遍采取共享使用网络打印机的方法，就是将一台打印机为多个部门共同使用。下面介绍如何添加网络打印机。

（1）在一台计算机上安装好打印机及驱动程序，并且把打印机设为共享，不然其他计算机就无法使用这台打印机。

（2）添加网络打印机。最基本的方法是在本地计算机上打开如图 6-14 所示"添加打印机向导"对话框的"本地或网络打印机"页面，选中"网络打印机"单选按钮，单击"下一步"按钮。

（3）查找打印机。查找或指定提供网络打印机的计算机，如果知道网络打印机的位置和名称，直接在"名称"文本框中键入打印机的路径和名称。例如"\\Server1\printer1"，如图 6-20 所示。否则单击"下一步"按钮，通过浏览打印机，选定要安装的打印机。

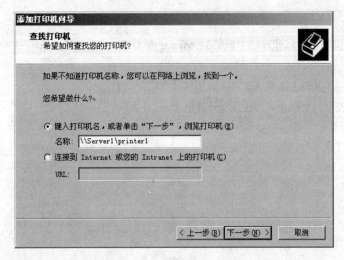

图 6-20　"查找打印机"页面

（4）系统提示安装信息，自动安装驱动程序。

在网络打印机安装以后，用户使用网络打印机与使用本地打印机操作相同。

思考与练习 6

1. 填空题

（1）常见的 Windows 应用软件安装程序的文件名为_____。

（2）在"添加/删除程序"窗口，可以更改或删除程序、_____、_____和_____。

（3）在 Windows 2000 中，删除应用程序通常是运行软件本身自带的卸载程序或通过控制面板，打开_____窗口删除程序。

（4）安装 Windows 2000 组件在_____对话框选择组件进行安装。

（5）安装即插即用型硬件后，计算机系统一般_____检测并安装相应的驱动程序。

（6）对于_____接口的设备，用户可以直接安装或卸载而不用关闭计算机。

（7）安装打印机时，一般是使用_____向导进行添加。

（8）在_____窗口，可以暂停或取消打印文档。

2．简答题

（1）如何安装 Windows 2000 组件？

（2）对于安装在计算机中的硬件，停用与卸载硬件有什么区别？

（3）什么是本地打印机？什么是网络打印机？

（4）什么是默认打印机？如何将打印机设置为默认打印机？

（5）如何将打印机设置为共享打印机？

（6）如果当前打印队列中有多个要打印的文档，如何取消其中的一个打印文档？

3．操作题

（1）在教师的指导下卸载计算机中安装的 Microsoft Office，安装最新版本的 Office 办公软件，如 Office 2003 等。

（2）有条件的同学从网上下载 ACDSee 看图软件并进行安装。

（3）如果有扫描仪或数码相机，连接到计算机上。

第7章 磁盘和用户管理

磁盘用来存储计算机系统信息和用户信息文件。由于用户频繁地复制、删除个人文件或安装、卸载应用程序文件，经过一段时间的操作后，磁盘上会留下大量碎片或临时文件，使计算机的性能下降，需要定期对计算机磁盘进行管理。Windows 2000 允许一台计算机可以由多个用户使用，每个用户有自己的账户，为增加计算机的安全性，需要给每个用户分配一些权限。

本章的主要内容包括：
- Windows 2000 所支持的文件系统。
- 磁盘碎片整理。
- 磁盘清理。
- 计算机用户账户管理。

7.1 文件系统

文件系统指文件命名、存储和组织的总体结构，是操作系统的一个重要组成部分。不同的操作系统支持不同的文件系统。Windows 2000 支持三种文件系统：FAT16、FAT32 和 NTFS。在安装 Windows 2000、格式化现有的磁盘分区或者安装新的硬盘时可以选择不同的文件系统。

7.1.1 FAT 文件系统

FAT（File Allocation Table）又称为文件分配表，是通过操作系统维护文件的表格或列表，用来跟踪存储文件的磁盘空间各段的状态，包括 FAT16 和 FAT32。

1. FAT16 文件系统

FAT16 文件系统最早被应用于 MS-DOS 操作系统。利用 FAT16 文件分配表跟踪文件首块地址、文件名和扩展名、文件建立的日期和时间标志、与文件相关的其他属性。它主要有以下特性：

（1）被大多数的操作系统（例如，MS-DOS、Windows 98/2000、Windows NT、Windows XP）所支持。

（2）支持长文件名，文件名中允许多达 255 个字符，包括除 "/ \ [ ] : ; | = , ^ *" 之外的任何字符，并能包括多个空格和多个 "."，最后一个点之后的字符被认为是文件的扩展名。文件命名时保留大小写，但对大小写不敏感。例如，文件名 BOOK、Book、boOk 等都同于文件名 book。

（3）支持的最大文件为 2 GB，最大的磁盘分区也为 2 GB。

（4）没有本地文件的安全保护机制，只有目录级的共享安全保护机制。

2. FAT32 文件系统

FAT32 文件系统是 FAT16 文件系统的更新版本，最初在 Windows 95 OSR2 中引入。它主要有以下特性：

（1）被 Windows 98/2000、Windows XP 系统支持，Windows NT 不支持 FAT32 文件系统。

（2）文件命名规则与 FAT16 文件系统相同。

（3）在一个不超过 8 GB 的分区中，FAT32 分区格式的每个簇为 4 KB。

（4）支持的最大文件为 4 GB。

（5）没有本地文件的安全保护机制，只有目录级的共享安全保护机制。

提示 磁盘上最小可寻址存储单元称为扇区，通常每个扇区为 512 字节（或字符）。由于多数文件比扇区大得多，因此，如果对一个文件分配最小的存储空间，将使存储设备能存储更多的数据，这个最小存储空间即称为簇。簇是用来分配保存文件的最小磁盘空间，是计算机中的最小存储单元。根据存储设备（磁盘、闪存卡和硬盘）的容量，簇的大小可以不同，以便存储空间得到最有效的应用。一个文件存储时可能占用多个簇，一个簇只能存储一个文件的数据，如果一个簇存储某文件的末尾数据后还有剩余空间，则该簇剩余的空间被浪费。簇越小，存储设备存储信息的利用率就越高。

7.1.2 NTFS 文件系统

NTFS 最初用于 Windows NT 系统（NTFS 4.0），NTFS 5.0 专用于 Windows 2000 操作系统的高级文件系统。它支持文件系统故障恢复，尤其大存储媒体、长文件名和 POSIX 子系统的各种功能。它还通过将所有的文件看做具有用户定义和系统定义属性的对象，来支持面向对象的应用程序。

NTFS 文件系统有以下主要特性：

（1）被 Windows NT 4.0 和 Windows 2000 所支持，但在 Windows NT 4.0 中，NTFS 5.0 文件系统的有些功能无法实现，例如，文件加密。

（2）文件命名支持长文件名，文件名中允许多达 255 个字符。文件命名时保留大小写，但对大小写不敏感，但当文件是由 POSIX 应用程序产生时，对文件名的大小写是敏感的。例如，文件名 BOOK、Book、book、boOk 是不同的文件名。

（3）文件系统簇的大小为 4 KB，存储效率高于 FAT 文件系统。

（4）最大的文件可达 64 GB，最大的磁盘分区可达 2 TB。

（5）NTFS 5.0 文件系统支持文件压缩、加密等功能。

（6）具有磁盘分区的配额机制，能更有效地使用存储空间。

可以在计算机上安装多个操作系统，并且每次启动计算机时选择要使用的操作系统。Windows 2000 支持带有 Windows 95、Windows 98 的多重引导。每个操作系统都必须安装在计算机上的独立磁盘或分区中，确保每个安装系统保留特有的文件和配置信息。如果想在 Windows 95 或 Windows 98 之上安装 Windows 2000，则引导分区必须格式化为 FAT 而不是 NTFS。

在 Windows 2000 中，NTFS 包括一些安全方面、文件加密系统设置、磁盘配额以及远程存储等功能。同样，Windows 98 不能识别 NTFS 分区，并将其看做未知的内容。因此，如果以 FAT 格式对 Windows 98 分区进行格式化，并且以 NTFS 格式对 Windows 2000 分区进行格式化，那么在运行 Windows 98 的同时，将无法访问 NTFS 分区上的文件。在 Windows 2000 中，可以将 FAT16 和 FAT32 转换成 NTFS 分区。

 阅读资料 11——文件系统

微软公司在 DOS 和 Windows 系列操作系统中共开发了六种不同的文件系统（包括即将在 Windows 的下一个版本中使用的 WINFS），它们分别是：FAT12、FAT16、FAT32、NTFS 4.0、NTFS 5.0 和 WINFS。其中 FAT12、FAT16、FAT32 均是 FAT 文件系统，是 File Allocation Table 的简称。

1．FAT12 文件系统

在 DOS 3.0 以前使用的文件系统，它采用 12 位文件分配表，并因此而得名。现在已不再使用该文件系统。

2．FAT16 文件系统

在 DOS 3.0 中，微软公司推出了 FAT16 文件系统，管理磁盘的能力得到了提高。刚推出时 FAT16 文件系统管理磁盘的能力实际上是 32 MB，这在当时看来是足够大的。1987 年，硬盘的发展推动了文件系统的发展，DOS 4.0 之后的 FAT16 可以管理 128 MB 的磁盘，然后这个数字不断地发展，一直到 2 GB。FAT16 分区格式存在严重的缺点：大容量磁盘利用率低。在微软公司的 DOS 和 Windows 系列中，磁盘文件的分配以簇为单位，一个簇只分配给一个文件使用，不管这个文件占用整个簇容量的多少。这样，即使一个很小的文件也要占用一个簇，剩余的簇空间便全部闲置，造成磁盘空间的浪费。由于分区表容量的限制，FAT16 分区创建的越大，磁盘上每个簇的容量也越大，从而造成的浪费也越大。表 7-1 给出了 FAT16 磁盘分区大小与对应簇的大小关系。

表 7-1　FAT16 磁盘分区与对应簇的大小关系

分　　区	簇	分　　区	簇
0～32 MB	512 B	33～64 MB	1 KB
65～128 MB	2 KB	129～256 MB	4 KB
257～511 MB	8 KB	512～1023 MB	16 KB
1024～2047 MB	32 KB	2048～4095 MB	64 KB

3．FAT32 文件系统

FAT32 文件系统将是 FAT 系列文件系统的最后一个产品。这种格式采用 32 位的文件分配表，磁盘的管理能力大大增强，突破了 FAT16 管理 2 GB 的分区容量的限制。由于现在的硬盘生产成本下降，其容量越来越大，运用 FAT32 的分区格式后，我们可以将一个大硬盘定义成一个分区，这大大方便了对磁盘的管理，减少了对磁盘空间的浪费，这就提高了磁盘的利用率。表 7-2 给出了 FAT32 磁盘分区大小与对应簇的大小关系。

表 7-2　FAT32 磁盘分区与对应簇的大小关系

分　区	簇	分　区	簇
2～8 GB	4 KB	8～16 GB	8 KB
16～32 GB	16 KB	大于 32 GB	32 KB

目前，支持 FAT32 格式的操作系统有 Windows 95/98、Windows 98 SE、Windows Me、Windows 2000 和 Windows XP，Linux Redhat 部分版本也对 FAT32 提供有限的支持。

4. NTFS 文件系统

NTFS 文件系统是一个基于安全性的文件系统，是 Windows NT 所采用的独特的文件系统结构，它是建立在保护文件和目录数据基础上，同时照顾节省存储资源、减少磁盘占用量的一种先进的文件系统。最早应用广泛的 Windows NT 4.0 采用的就是 NTFS 4.0 文件系统。Windows 2000 采用了更新的 NTFS 5.0 文件系统，它的推出使得用户不但可以像 Windows 9x 那样方便快捷地操作和管理计算机，同时也可享受到 NTFS 所带来的系统安全性。

NTFS 采用了更小的簇，可以更有效率地管理磁盘空间。在 Windows 2000 的 NTFS 文件系统中，当分区的大小在 2 GB 以下时，簇的大小都比相应的 FAT32 簇小；当分区的大小在 2 GB 以上时（2 GB～2 TB）簇的大小都为 4 KB。相比之下，NTFS 可以比 FAT32 更有效地管理磁盘空间，最大限度地避免了磁盘空间的浪费。

目前，支持 NTFS 格式的操作系统有 Windows NT、Windows 2000 和 Windows XP。

Windows 2000/XP 在文件系统上是向下兼容的，它可以很好地支持 FAT16/FAT32 和 NTFS，其中 NTFS 是 Windows NT/2000/XP 专用格式，它能更充分、更有效地利用磁盘空间，支持文件级压缩，具备更好的文件安全性。如果只安装 Windows 2000/XP，建议选择 NTFS 文件系统。如果多重引导系统，则系统盘（C:盘）必须为 FAT16 或 FAT32，否则不支持多重引导。当然，其他分区的文件系统可以为 NTFS。

7.2　磁盘管理

磁盘管理程序是操作系统的一个重要组成部分，是用来管理磁盘和卷的图形化工具。在 Windows 2000 操作系统中，磁盘分为基本磁盘和动态磁盘两种类型。

基本磁盘是包含主要分区、扩展分区或逻辑驱动器的物理磁盘。基本磁盘可以通过 MS-DOS 访问。动态磁盘是通过磁盘管理程序管理的物理磁盘。动态磁盘可以只包含动态卷（由磁盘管理程序创建的卷）。动态磁盘不能包含分区或逻辑驱动器，也不能通过 MS-DOS 来访问。

7.2.1 使用磁盘管理程序

1. 磁盘管理程序

使用磁盘管理程序可以对磁盘进行管理，操作步骤如下。

（1）打开"控制面板"窗口，双击"管理工具"图标，打开"管理工具"窗口。

（2）在"管理工具"窗口中双击"计算机管理"图标，打开"计算机管理"窗口，单击左窗格"存储"目录下的"磁盘管理"，显示"磁盘管理"窗口如图 7-1 所示。

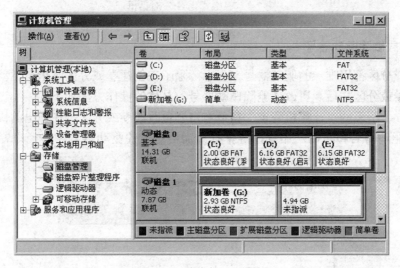

图 7-1 "磁盘管理"窗口

在右窗格中显示当前计算机中的磁盘卷及其分区情况。可以通过"查看"菜单改变"磁盘管理"窗口的显示内容和外观。

在 Windows 2000 的磁盘管理中，可以进行创建、格式化、删除磁盘分区，更改驱动器号等操作。

2. 格式化磁盘

在使用新创建的卷或磁盘分区之前，必须进行格式化，也可以对已经格式化的卷或磁盘分区重新格式化。

【例 7-1】某台计算机的硬盘已经进行了 FAT32 分区，请将该磁盘的一个分区（G:）格式化为 NTFS 格式。

分析：在格式化磁盘前，应确定要格式化的磁盘分区上的文件是否已经备份。当磁盘进行长时间使用后，可能产生坏的磁道，为剔除这些不能使用的磁道，也需要对磁盘进行格式化。

具体的操作步骤如下。

在如图 7-1 所示的"磁盘管理"窗口右击要格式化的卷或磁盘分区，在弹出的快捷菜单中单击"格式化"命令，打开"格式化"对话框，如图 7-2 所示。

在该对话框中可以选择指定的文件系统：FAT32 或 NTFS；指定分配单位的大小，一般选择默认的大小；还可以指定卷标等。

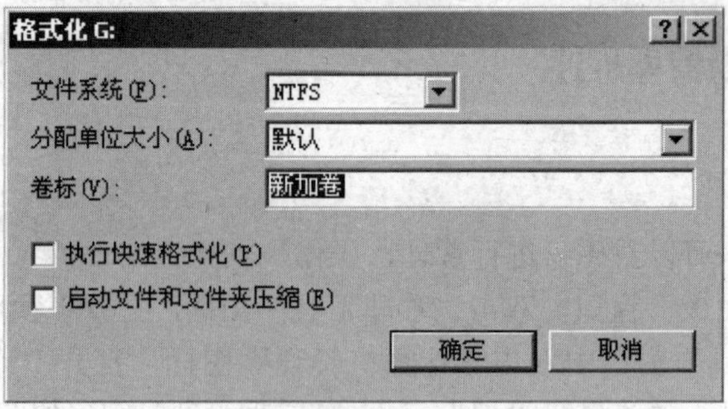

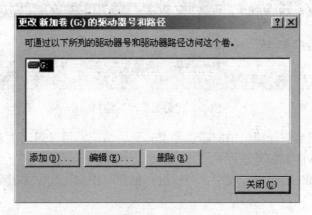

图 7-2　"格式化 G:"对话框

3. 更改或删除驱动器号

每个卷或分区都用唯一的驱动器号来表示。除了在创建卷或分区时指定驱动器号外，也可以在创建卷或分区之后，更改或删除驱动器号。具体的操作方法如下。

在如图 7-1 所示的"计算机管理"窗口右击要更改的卷或分区，在弹出的快捷菜单中，单击"更改驱动器名和路径"命令，屏幕打开需要更改的驱动器号和路径设置对话框，如图 7-3 所示。

图 7-3　需要更改的驱动器号和路径设置对话框

在该对话框中列出了当前驱动器号和驱动器路径，可以进行添加、编辑或删除操作。

① 添加：新加一个驱动器路径或为当前卷或分区指派驱动器号。

② 编辑：指派一个驱动器号，如图 7-4 所示。最多使用 C～Z 这 24 个字母作为驱动器号，A、B 是为软盘驱动器预留的。

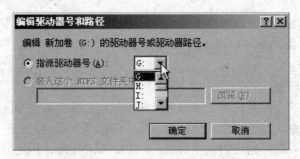

图 7-4　"编辑驱动器号和路径"对话框

③ 删除：删除指定的驱动器号或路径。

4．删除卷或分区

在 Windows 2000 中，可以删除格式化后的主分区和逻辑分区或卷，删除卷或分区会把卷或分区中的所有数据删除，删除后数据不能恢复，所以在删除卷或分区之前，应该备份卷或分区中有用的数据。删除卷或分区的操作方法如下。

（1）在"磁盘管理"窗口右击要删除的卷或分区，在弹出的快捷菜单中，单击"删除卷"或"删除磁盘分区"命令，出现删除卷或分区的提示信息，如图 7-5 所示。

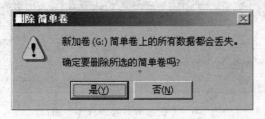

图 7-5　删除卷的提示信息

（2）单击"是"按钮，则将选择的卷或分区删除，但不能删除系统卷、引导卷等。

7.2.2　使用磁盘碎片整理程序

磁盘碎片整理程序重新确定本地磁盘上零碎的文件、文件夹的位置，以便使打开的文件、运行的程序更快。当某个卷包含大量碎片文件和文件夹时，Windows 访问它们的时间会加长，原因是 Windows 需要进行一些额外的磁盘读操作才能收集不同部分的内容。因为卷上的可用空间是零散的，所以创建新文件和文件夹也会慢一些，然后 Windows 将新文件和文件夹保存到磁盘上的不同位置。

磁盘碎片整理程序将每个文件或文件夹的各部分移动到卷上的一个位置，以便每个文件或文件夹占据磁盘驱动器上单独的、临近的空间。这样，系统可以更有效地访问文件和文件夹并保存新文件和文件夹。通过合并文件和文件夹，磁盘碎片整理程序还将合并可用空间，减小新文件出现碎片的可能。

查找与合并文件和文件夹碎片的过程称为碎片整理。碎片整理花费的时间取决于多个因素，其中包括卷的大小、卷中的文件数、碎片数量和可用的本地系统资源。首先可以在对文件和文件夹进行碎片整理之前分析卷，找到所有的碎片文件和文件夹。可以看到有多少碎片文件和文件夹保存在卷上，然后决定是否需要对卷进行碎片整理。

运行磁盘碎片整理程序的操作步骤如下。

（1）单击"开始"→"程序"→"附件"→"系统工具"→"磁盘碎片整理程序"命令，屏幕出现"磁盘碎片整理程序"窗口，如图 7-6 所示。

（2）选择要进行整理的磁盘。在进行碎片整理之前，一般要先进行分析，根据分析的结果决定是否进行碎片整理。如果要进行碎片整理，单击"碎片整理"按钮，开始整理磁盘。

磁盘碎片整理程序可以对使用 FAT16、FAT32 和 NTFS 格式的卷进行碎片整理。

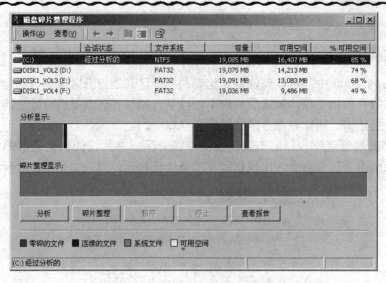

图 7-6　"磁盘碎片整理程序"窗口

7.2.3　磁盘清理

　　用户在进行 Windows 2000 操作时，有时可能产生一些临时文件，这些临时文件保留在特定的文件夹中，另外对于以前安装的 Windows 2000 组件，以后可能不再使用，为了释放磁盘空间，在不损害任何程序的前提下，减少磁盘中的文件数而节省更多的磁盘空间。

　　磁盘清理程序帮助释放硬盘空间。程序搜索用户计算机的驱动器，然后列出临时文件、Internet 缓存文件和可以安全删除的不需要的文件。使用磁盘清理程序可以将这些文件进行部分或全部删除。

　　使用 Windows 2000 的磁盘清理程序可以完成以下任务：

　　① 删除临时 Internet 文件。

　　② 删除所有下载的程序文件（从 Internet 下载的 ActiveX 控件和 Java applet）。

　　③ 清空"回收站"。

　　④ 删除 Windows 2000 临时文件。

　　⑤ 删除不再使用的 Windows 2000 组件。

　　启动磁盘清理程序的操作步骤如下。

　　（1）单击"开始"→"程序"→"附件"→"系统工具"→"磁盘清理"命令，打开"选择驱动器"对话框，选择要清理的磁盘驱动器，如图 7-7 所示。例如，选择"C:"驱动器。

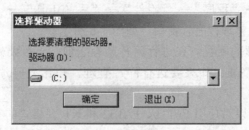

图 7-7　"选择驱动器"对话框

（2）单击"确定"按钮，出现"（C:）的磁盘清理"对话框，如图 7-8 所示。

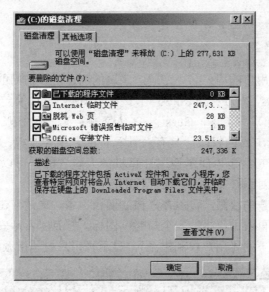

图 7-8　"（C:）的磁盘清理"对话框

（3）在"要删除的文件"列表框中列出了要删除的文件及字节数。要查看文件包含的项目，可以单击"查看文件"按钮来查看。选择要清理的文件后，单击"确定"按钮。

如果要删除 Windows 2000 组件，选择"其他选项"选项卡，清理相应的组件。

 阅读资料 12——基本卷与动态卷简介

1. 基本卷

基本卷是基本磁盘上的卷。基本卷包括主分区、扩展分区、逻辑驱动器。在一个基本磁盘中，最多只能有四个主分区，也可以设置三个主分区和一个扩展分区。主分区是操作系统用来启动计算机的磁盘分区，主分区不能进一步分区。扩展分区是基本磁盘的另一种磁盘分区类型，一个基本磁盘只能有一个扩展分区，扩展分区不能被格式化，也不能给它分配驱动器号，但扩展分区能划分成若干个逻辑驱动器，逻辑驱动器也常被称为逻辑分区。逻辑分区可以进行格式化，并分配有驱动器号。

2. 动态卷

动态卷是使用磁盘管理程序创建的逻辑卷。动态卷包括简单卷、跨区卷、带区卷、镜像卷和 RAID-5 卷。动态卷不能包含分区或逻辑驱动器，无法通过 MS-DOS 访问。必须在动态磁盘上创建动态卷，只有运行 Windows 2000 的计算机才能访问动态卷。

可以随时将基本磁盘升级为动态磁盘，当升级为动态磁盘时，现有的分区就转换为卷。

7.3　用户管理

Windows 2000 系统支持多用户操作，每个用户可以有自己的用户账户，每个用户账户都有自己的用户名和密码，使用用户账户来登录计算机或网络，只有用户名和密码正确才能进入计算机系统，以增加计算机的安全性。下面主要介绍如何对用户账户和用户组进行管理。

7.3.1　用户账户

用户账户用来记录用户的用户名、密码、隶属的组，可以访问的网络资源以及每个用户的个人设置。Windows 2000 提供了可用于登录到网络的预定义用户账户，例如，Administrator（管理员）账户和 Guest（客人）账户，每个账户均有不同的权限。Administrator 账户有最广泛的权限，具有对计算机的完全控制权，可以创建新用户账户；Guest 账户的权限受限制，是为偶尔使用计算机的人设置的，可以登录到计算机并保存文档，但不能安装程序和对系统文件进行破坏性的改动。

如果要查看各类用户的权限，可以在"控制面板"中，通过双击"管理工具"图标，打开"管理工具"窗口，再双击"本地安全策略"图标，打开"本地安全设置"窗口，单击左窗格"本地策略"目录下的"用户权利指派"，显示"用户权利指派"窗口如图 7-9 所示。

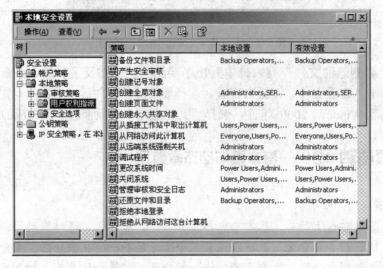

图 7-9　"用户权利指派"窗口

1．创建用户账户

【例 7-2】某单位办公室一台计算机供多人使用，请为每人创建一个用户账户，使用各自的账户登录计算机系统。

分析：创建用户账户前，必须规划每个用户的用户名、密码及权限，每位员工应牢记自己的密码，确保登录到计算机系统。

创建新用户的操作步骤如下。

（1）单击"控制面板"中的"用户和密码"图标，打开"用户和密码"对话框，如图 7-10 所示。必须以 Administrator 用户或 Administrators 组成员身份登录，才能使用"用户和密码"功能。

（2）单击"添加"按钮，打开"添加新用户"对话框，输入用户的基本信息，如图 7-11 所示。例如，键入用户名"xiaowei"。

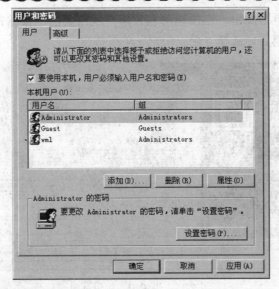

图 7-10 "用户和密码"对话框

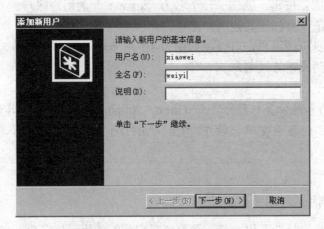

图 7-11 "添加新用户"对话框

（3）单击"下一步"按钮，输入用户的密码，如图 7-12 所示。

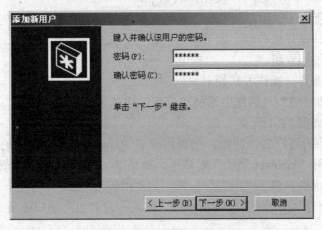

图 7-12 输入密码页面

（4）单击"下一步"按钮，在出现的设置用户权限页面中根据需要设置用户的访问权限，如图 7-13 所示。例如，选择"受限用户"单选按钮。

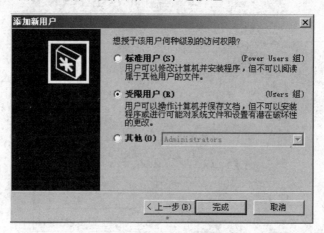

图 7-13　设置用户权限页面

（5）单击"完成"按钮。创建了一个名为"xiaowei"的用户账户。

采用同样的方法，再创建其他用户账户。

具有管理器员身份的用户，可以在如图 7-10 所示的"用户和密码"对话框中修改某用户账户的属性、密码或删除该账户。

提示　只能为本地计算机账户（如 Guest、Administrator 或者由其创建的账户）更改密码。要更改自己的登录密码，按下"Ctrl+Alt+Del"组合键，然后单击"更改密码"按钮。

2．重命名、删除或停用账户

如果某个用户账户长期不用，可以删除该账户或暂停使用该账户，也可以对某个用户账户重新命名。

（1）重命名、删除用户账户，操作方法如下。

在如图 7-10 所示的"用户和密码"对话框中选择要重命名或删除的用户名，单击"删除"按钮，则该用户账户被删除。如果单击"属性"按钮，在打开的"属性"对话框中可以修改用户名和所属的用户组。

（2）停用用户账户，操作方法如下。

① 在"用户和密码"对话框中选择"高级"选项卡，单击"高级"按钮，打开"本地用户和组"窗口，如图 7-14 所示。

② 右击要停用的用户名，例如，选择用户名"xiaowei"，在弹出的快捷菜单中，单击"属性"命令，打开"xiaowei 属性"对话框，如图 7-15 所示。在"常规"选项卡中，选择"账户已停用"复选框，单击"确定"按钮，则停用该用户账户。

停用的用户账户图标在如图 7-10 所示的"本地用户和组"窗口中带"×"号。

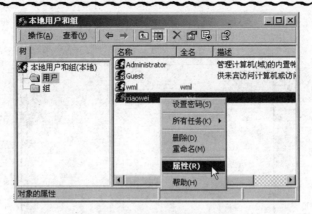

图 7-14　"本地用户和组"窗口

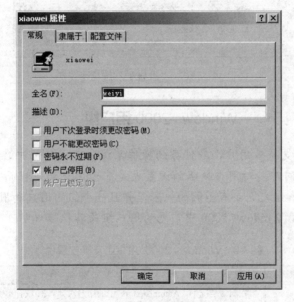

图 7-15　"xiaowei 属性"对话框

7.3.2　将用户加入组

在 Windows 2000 中，用户隶属于某个组，享受该组拥有的一切权限，也可以将用户添加到一个或几个系统提供的用户组中，例如，Administrators 组、Power Users 组、Backup Operators 组等，使大部分用户拥有更多的权限。将用户加入多个组的操作方法如下。

（1）在"用户和密码"对话框中选择"高级"选项卡，单击其中的"高级"按钮，打开"本地用户和组"窗口。

（2）右击要加入用户组的用户名，例如，选择用户名"xiaowei"，在弹出的快捷菜单中，单击"属性"命令，打开"xiaowei 属性"对话框，选择"隶属于"选项卡，如图 7-16 所示。

（3）单击"添加"按钮，打开"选择组"对话框，选择要添加的组，再单击"添加"按钮进行添加，可以添加多个用户组。

图 7-16 "隶属于"选项卡

 阅读资料 13——Windows 2000 **用户组**

　　Windows 是一个支持多用户、多任务的操作系统，不同的用户在访问这台计算机时，将会有不同的权限。同时，对用户权限的设置也是基于用户和进程而言的，Windows 中用户被分成许多组，组和组之间都有不同的权限，并且一个组的用户和用户之间也可以有不同的权限。表 7-3 列出了 Windows 2000 中常见的用户组及其权限说明。

表 7-3　Windows 2000 用户组及其权限说明

用户组	名称	权 限 说 明
Administrators	管理员组	在默认情况下，Administrators 中的用户对计算机/域有不受限制的完全访问权。分配给该组的默认权限允许对整个系统进行完全控制。所以，只有受信任的人员才可成为该组的成员
Power Users	高级用户组	Power Users 可以执行除了为 Administrators 组保留的任务外的其他任何操作系统任务。分配给 Power Users 组的默认权限允许 Power Users 组的成员修改整个计算机的设置。但 Power Users 不具有将自己添加到 Administrators 组的权限。在权限设置中，这个组的权限仅次于 Administrators
Users	普通用户组	该组的用户可以运行经过验证的应用程序，但不可以运行大多数旧版应用程序。Users 组是最安全的组，因为分配给该组的默认权限不允许成员修改操作系统的设置或用户资料。Users 组提供了一个最安全的程序运行环境。在经过 NTFS 格式化的卷上，默认安全设置旨在禁止该组的成员危及操作系统和已安装程序的完整性。用户不能修改系统注册表设置、操作系统文件或程序文件。Users 可以关闭工作站，但不能关闭服务器。Users 可以创建本地组，但只能修改自己创建的本地组
Guests	来宾组	来宾跟普通 Users 的成员有同等访问权，但来宾账户的限制更多
Everyone	Everyone 组	顾名思义，这个计算机上的所有用户都属于这个组
System	System 组	它拥有和 Administrators 组成员一样、甚至比其还高的权限，但是这个组不允许任何用户加入，在查看用户组的时候，它也不会被显示出来。系统和系统级的服务正常运行所需要的权限都是靠它赋予的。该组只有这一个用户 System

思考与练习 7

1. 填空题

（1）Windows 2000 支持 FAT16_____和_____三种文件系统。

（2）在"计算机管理"窗口中展开_____列表，选择_____选项对磁盘进行管理。

（3）计算机上硬盘可以格式化为 FAT 格式或 NTFS 格式，而 U 盘不能格式化为_____格式。

（4）Windows 提供了一个工具软件，它能有效地搜集整理磁盘碎片，从而提高系统工作效率，该工具软件是_____。

（5）在对磁盘进行碎片整理之前，一般要先进行_____，根据结果决定是否进行碎片整理。如果要进行碎片整理，单击_____按钮，开始整理磁盘。

（6）要删除临时 Internet 文件、Windows 2000 临时文件，删除不再使用的 Windows 2000 组件等，可以使用 Windows 2000 的_____程序来完成。

（7）Windows 2000 中_____账户拥有最广的权限，具有对计算机完全控制权，可以创建新用户账户。

2. 选择题

（1）Windows 2000 能够访问的物理磁盘是（　　）。

　　A．基本磁盘　　　　　　　　　　B．动态磁盘

　　C．基本磁盘和动态磁盘　　　　　D．逻辑磁盘

（2）Windows 2000 支持的文件系统是（　　）。

　　A．FAT16 和 FAT32　　　　　　　B．NTFS

　　C．FAT32　　　　　　　　　　　　D．FAT16、FAT32 和 NTFS

（3）在磁盘管理中，不能进行的操作是（　　）。

　　A．格式化磁盘　　　　　　　　　B．安装 Windows 系统

　　C．删除磁盘分区　　　　　　　　D．更改驱动器号

（4）在磁盘管理中对硬盘进行格式化，下列操作不能进行的是（　　）。

　　A．启用文件的加密功能　　　　　B．选择文件系统类型

　　C．快速格式化　　　　　　　　　D．指定分配单位大小

（5）Windows 的磁盘清理程序不能实现的功能是（　　）。

　　A．清空"回收站"　　　　　　　　B．删除 Windows 临时文件

　　C．删除不再使用的 Windows 组件　D．恢复已删除的文件

3. 简答题

（1）什么是文件系统？

（2）NTFS 文件系统有哪些主要特点？

（3）磁盘在经过长时间的使用后，为什么要定期对磁盘进行碎片整理？

（4）什么要定期对磁盘进行清理？

（5）为什么要创建用户账户？

（6）将用户加入到组有什么好处？

4. 操作题

（1）打开"计算机管理"窗口，查看计算机中磁盘分区的情况，所有卷的文件系统类型、状态、容量、空闲空间等。

（2）对计算机进行碎片整理。

（3）分别创建一个计算机管理员 MyUser 和受限的用户账户 MyUser1。

（4）将账户 MyUser1 加入到 Users 组。

（5）更改用户账户 MyUser1 的密码。

（6）使用用户账户 MyUser1 登录计算机。

（7）删除上述创建的 MyUser 和 MyUser1 用户账户。

第8章　网络配置与资源共享

Windows 2000 是一个成熟的网络产品，能够与网络连接，特别是将连接的局域网作为网络的一部分，从而实现网络资源的共享。例如，共享磁盘驱动器，共享文件夹等。

本章的主要内容包括：
- 将装有 Windows 2000 系统的计算机加入局域网。
- 设置共享资源。
- 浏览网络共享资源。
- 添加网上邻居。
- 映射网络驱动器。
- 连接 Internet。

8.1　连接局域网

使用 Windows 2000 系统可以组建对等的计算机局域网（LAN），也可以将用户装有 Windows 2000 系统的计算机加入到具有服务器域控制器的局域网中，从而实现不同用户计算机之间的信息共享。

8.1.1　TCP/IP 协议的配置

1．TCP/IP 协议

TCP 是 Transmission Control Protocol（传输控制协议）的缩写，IP 是 Internet Protocol（网际协议）的缩写，TCP/IP 即传输控制与网际协议，这是 Internet 得以存在的理论基础。TCP/IP 共包括 100 多种具体协议，如支持 E-mail 功能的 SMTP（Simple Mail Transfer Protocol，简单邮件传输协议）和 POP（Post Office Protocol，邮局协议），支持 FTP 功能的 FTP（File Transfer Protocol，文件传输协议），支持 NetNews 功能的 NNTP（Network News Transport Protocol，网络新闻传输协议），支持 WWW 功能的 HTTP（Hypertext Transport Protocol，超文本传输协议，该协议允许文字、图画、声音等同时传输）等。Internet 实际上就是靠这些协议维持运行的，任何连接到 Internet 的计算机都必须遵循至少一种这样的协议。

2．IP 地址

IP 地址即 Internet Protocol 地址，它是 Internet 定位所必需的，每台以专线方式连接到 Internet 的计算机都应有一个唯一的 IP 地址。IP 地址由四段数字组成，每段数字用小于 255

的十进制整数来表示，中间用句点"."隔开，例如，15.1.102.158、202.32.137.3 等。IP 地址包括网络标识和主机标识两部分，根据网络规模和应用的不同，分为 A～E 五类，常用的有 A、B、C 三类。这种分类与 IP 地址中第一字节的使用方法相关，如表 8-1 所示。

表 8-1　IP 地址分类和应用范围

分类	第一字节数字范围	应用	分类	第一字节数字范围	应用
A	1～127	大型网络	D	224～239	组播
B	128～191	中型网络	E	240～247	研究
C	192～223	小型网络			

在实际应用中，可以根据具体情况选择使用 IP 地址的类型格式。A 类通常用于大型网络，可容纳的计算机数量最多，B 类通常用于中型网络，而 C 类可容纳的计算机数量较少，仅用于小型局域网。

3．配置 TCP/IP 协议

组建局域网的基本硬件有网卡（网络适配器）、网线（双绞线等）和集线器。如果要将运行 Windows 2000 的计算机连接到局域网中，常用的方法是用双绞线的一端与网卡相连，另一端与集线器相连，这样就把计算机连接到局域网中。下面以组建对等网为例，介绍如何将用户计算机加入到局域网中。

【例 8-1】对局域网中某台运行 Windows 2000 系统的计算机进行 TCP/IP 协议配置。IP 地址：172.31.95.231。子网掩码：255.255.0.0。

分析：用户在启动计算机时，Windows 2000 将自动检测是否已经安装网卡，检测到网卡并安装网卡驱动程序后，将自动创建本地连接。在网卡驱动程序安装后，系统会自动安装 Microsoft 网络客户端、Microsoft 网络的文件和打印机共享、TCP/IP 协议等，这些协议对一般用户足够了，无须添加其他协议。对 TCP/IP 协议进行配置，主要包括配置 IP 地址、子网掩码、默认网关、DNS 服务器等。

具体的操作步骤如下。

（1）在计算机桌面上右击"网上邻居"图标，从快捷菜单中选择"属性"命令，打开"网络和拨号连接"窗口，如图 8-1 所示。

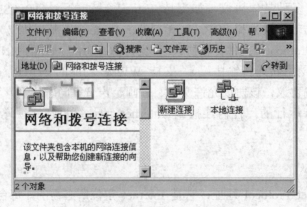

图 8-1　"网络和拨号连接"窗口

（2）右击"本地连接"图标，从快捷菜单中选择"属性"命令，打开"本地连接属性"对话框，如图 8-2 所示。

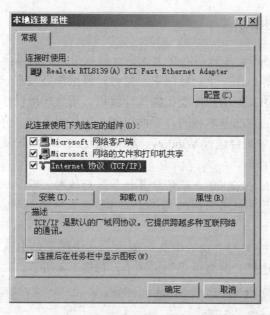

图 8-2 "本地连接属性"对话框

（3）双击"Internet 协议（TCP/IP）"选项，打开"Internet 协议（TCP/IP）属性"对话框，选中"使用下面的 IP 地址"单选按钮，并依次在"IP 地址"文本框中输入"172.31.95.231"；在"子网掩码"文本框中输入"255.255.0.0"，如图 8-3 所示。

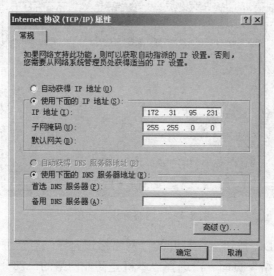

图 8-3 "Internet 协议（TCP/IP）属性"对话框

（4）单击"确定"按钮，最后关闭"本地连接属性"对话框。

不同的网络之间要实现通信，必须使用至少一种相同的网络协议。例如，要与 Internet 通信，必须使用 TCP/IP 协议。在局域网中的所有计算机使用 NetBEUI 协议通信，该协议用户必须自行安装。方法是单击如图 8-2 所示对话框中的"安装"按钮，选择"NetBEUI

Protocol" 选项进行安装。用户可以在计算机上安装多种网络协议，以便实现与不同的计算机进行通信。

8.1.2　加入工作组或域

计算机标识是 Windows 系统在网络上识别计算机身份的信息，包括计算机名、所属工作组或域、计算机说明等。在一个局域网中，每台计算机都必须有一个与其他计算机名不相同的网络标识，网络中的其他用户才能识别该计算机，用户才可以正常登录到局域网中。将计算机加入工作组或域的方法基本相同，下面以加入工作组为例，介绍基本操作方法。

【例 8-2】对局域网中某台运行 Windows 2000 系统的计算机设置网络标识，要求同属于 "ZJJYS_DOMAIN" 工作组。

分析：对运行 Windows 2000 系统的计算机加入局域网，需要从网络管理员那里获得网络的一些基本信息，如计算机名、网络标识（工作组名或域名）等。

具体的操作步骤如下。

（1）右击计算机桌面上的"我的电脑"图标，从快捷菜单中选择"属性"命令，打开"系统特性"对话框，选择"网络标识"选项卡，如图 8-4 所示。

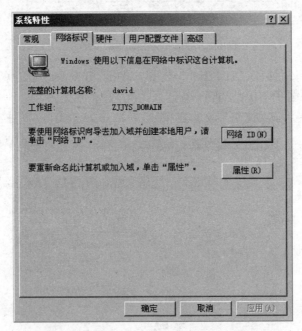

图 8-4　"网络标识"选项卡

（2）单击"网络 ID"按钮，在打开的"网络标识向导"对话框中，单击"下一步"按钮，出现"正在连接网络"页面一，选择"本机是商业网络的一部分，用它连接到其他工作着的计算机"单选项，如图 8-5 所示。

（3）单击"下一步"按钮，出现"正在连接网络"页面二，如图 8-6 所示，选择"公司使用没有域的网络"单选项。

（4）单击"下一步"按钮，出现"工作组"页面，如图 8-7 所示，输入工作组名 "ZJJYS_DOMAIN"。

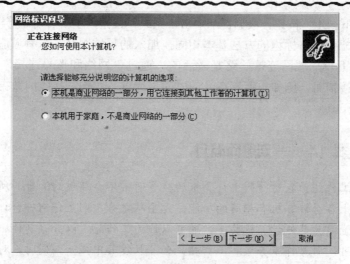

图 8-5　"正在连接网络"页面一

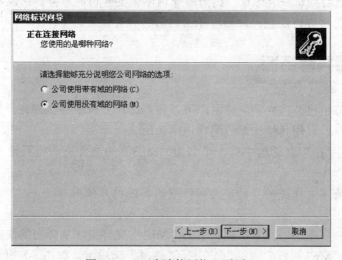

图 8-6　"正在连接网络"页面二

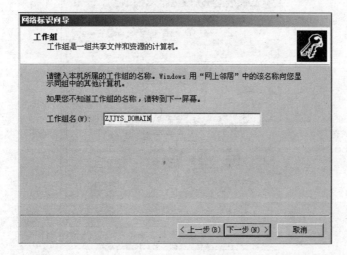

图 8-7　"工作组"页面

（5）单击"下一步"按钮，根据提示单击"完成"按钮，重新启动计算机后设置生效。
在域环境中配置网络标识的方法基本相同，加入的局域网必须带有域服务器。

在默认情况下，局域网连接始终是激活的。通过"网络和拨号连接"中的"状态"选项，可以查看连接信息，例如，连接持续的时间、速度、传输和接收的数据量以及特殊连接可用的所有诊断工具。

阅读资料 14——对等网简介

对等网也称工作组。在对等网中计算机的数量通常不会超过 10 台，所以对等网相对比较简单。对等网上各台计算机有相同的功能，无主从之分，网上任何一台计算机既可以作为网络服务器，其资源为其他计算机共享，也可以作为工作站，以分享其他服务器的资源。任何一台计算机均可同时兼作服务器和工作站，也可只作其中之一。同时，对等网除了共享文件之外，还可以共享打印机。也就是说，对等网上的打印机可被网络上的任何一台工作站使用，如同使用本地打印机一样方便。因为对等网不需要专门的服务器来做网络支持，也不需要其他组件来提高网络的性能，因而对等网的价格相对便宜得多。

8.2　设置共享资源

如果用户计算机已经连接到局域网，可以将本地计算机中的文件夹、打印机、CD-ROM驱动器等资源共享，以便其他计算机用户访问使用。

【例 8-3】 在"E:"驱动器中有一个名为"Mp3"的文件夹，将其设置为共享文件夹，共享名为"歌曲"。

分析： 设置共享文件夹的目的是为网络中的其他用户使用。

操作步骤如下。

（1）打开"E:"驱动器，右击要共享的"Mp3"文件夹，从弹出的快捷菜单中选择"共享"命令，打开"Mp3 属性"对话框，选择"共享"选项卡，如图 8-8 所示。

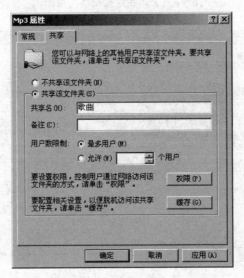

图 8-8　"共享"选项卡

（2）选择"共享该文件夹"单选项，在"共享名"文本框中输入指定的一个共享名"歌曲"，该名称就是将来在网络上其他用户看到的名字。在"备注"文本框中可以输入一些说明性的文字。在"用户数限制"选项中，可以限定同时连接该共享文件夹的用户数量，默认为最多用户。

> 提示　如果共享名后跟一个"$"符号，例如"歌曲$"，表示隐藏该共享文件夹，其他用户在"网上邻居"中就看不到，只有知道共享名的用户才能访问。

（3）单击"权限"按钮，打开共享文件夹权限设置对话框，如图 8-9 所示。对不同的用户可以设置不同的权限。

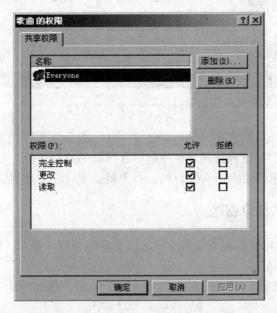

图 8-9　共享文件夹权限设置对话框

① 完全控制：具有该权限的用户拥有与本地磁盘文件一样的权限，进行读取、更改和删除等操作。

② 更改：具有该权限的用户可以读取、更改其内容，但不能进行删除操作。

③ 读取：具有该权限的用户只能读取其内容，但不能进行更改、删除操作。

单击"添加"按钮，添加不同的用户，并对每个用户进行权限设置。

（4）单击"确定"按钮，关闭共享文件夹的属性对话框。

这时可以看到共享文件夹的下边有一个手形符号，表示已经设置为共享。当对一个磁盘或文件夹设置了共享后，该磁盘或文件夹下的所有子文件夹也将同样被设置为共享。同样的方法，可以设置将 CD-ROM 驱动器设置为共享，即使某一台计算机上没有安装 CD-ROM 驱动器，也可以使用 CD-ROM 驱动器。

8.3　使用"网上邻居"

"网上邻居"是 Windows 2000 桌面上的一个特殊的文件夹，通过"网上邻居"可以浏览用户计算机连接网络上的所有共享的计算机、打印机和其他资源，就像通过"我的电脑"浏览计算机本地资源一样便利。

双击桌面上的"网上邻居"图标，打开如图 8-10 所示的"网上邻居"窗口，该窗口中至少包含有"添加网上邻居"、"整个网络"和"邻近的计算机"三个图标。

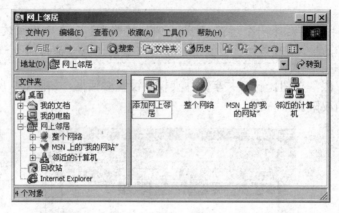

图 8-10　"网上邻居"窗口

① 添加网上邻居：用来创建网络、Web 和 FTP 服务器的快捷方式。
② 邻近的计算机：可以查找同一工作组中计算机的共享资源。
③ 整个网络：显示网络上所有计算机、打印机、文件、文件夹和用户。

8.3.1　浏览网络共享资源

在"网上邻居"窗口中，可以非常方便地浏览其他用户计算机上的共享资源。具体的操作步骤如下。

（1）打开"网上邻居"窗口，双击"整个网络"或"邻近的计算机"图标，选择所要浏览的计算机及文件夹。

（2）双击要浏览的共享文件夹，例如，浏览计算机"David"，打开文件夹"歌曲"，如图 8-11 所示。

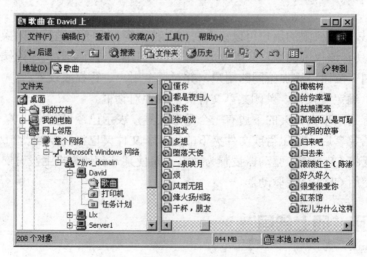

图 8-11　浏览网络上的共享资源

8.3.2　添加网上邻居

添加网上邻居是为了方便快速地查找一些经常使用的资源，通过"添加网上邻居向导"可以创建网络、Web 和 FTP 服务器的快捷方式。

【例 8-4】 在计算机"Llx"上有一名称为"音乐"的共享文件夹，将其添加为计算机"David"上的一个网上邻居，名称为"我的音乐"。

分析：将网络上某用户计算机上的共享文件夹添加为一个网上邻居，在以后使用时就像使用本地资源一样方便。

具体的操作步骤如下。

（1）双击桌面上的"网上邻居"图标，打开"网上邻居"窗口，再双击"添加网上邻居"图标，打开"添加网上邻居向导"对话框，如图 8-12 所示。

图 8-12　"添加网上邻居向导"对话框

（2）在"请输入网上邻居的位置"文本框中，输入网上邻居的位置。例如，共享文件夹"\\Llx\音乐"。如果位置不清楚，可以单击"浏览"按钮，打开"浏览文件夹"对话框进行查找。

（3）单击"下一步"按钮，在如图 8-13 所示的页面中，输入该网上邻居的名称，便于浏览。例如，键入"我的音乐"。

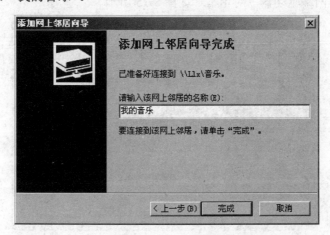

图 8-13　输入网上邻居名称页面

（4）单击"完成"按钮，在"网上邻居"窗口中显示该共享文件夹的图标，如图 8-14 所示。

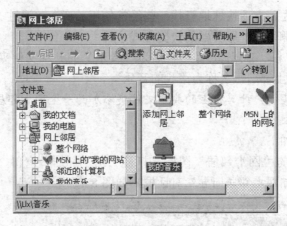

图 8-14 添加的网上邻居

如果要浏览文件夹或 Web 站点上的资源，可以直接双击相应的图标。

8.3.3 映射网络驱动器

为了方便使用网络中的共享资源，可以通过映射网络驱动器的方法，把网络中的共享资源映射到本地计算机，并指定一个驱动器盘符，作为本地计算机的一个驱动器来使用。这样可以通过访问本地计算机中的"我的电脑"或"资源管理器"来访问映射网络驱动器。

【例 8-5】在计算机"Llx"上有一名称为"音乐"的共享文件夹，在计算机"David"上将其映射为网络驱动器，盘符指定为"M:"。

分析：网络驱动器和本地驱动器都显示在"我的电脑"窗口中，而添加的网上邻居，显示在"网上邻居"窗口中。只要正确连接上网络驱动器，使用起来就像在本地计算机上操作一样。

具体的操作步骤如下。

（1）右击桌面上的"网上邻居"图标，从弹出的快捷菜单中选择"映射网络驱动器"命令，打开"映射网络驱动器"对话框，如图 8-15 所示。

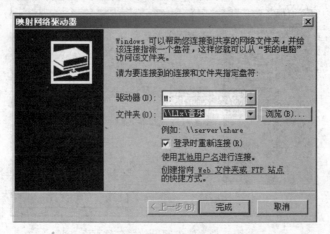

图 8-15 "映射网络驱动器"对话框

（2）在"驱动器"下拉列表中选择一个要映射的驱动器号"M:"，在"文件夹"文本框中输入网络驱动器的路径。或者单击"浏览"按钮，指定网络驱动器的位置。

> **提示**　默认为已选择"登录时重新连接"复选框，表示在下一次登录网络时，系统将自动连接到网络驱动器上。

（3）单击"完成"按钮，则在"我的电脑"窗口里增加一个驱动器"M:"，如图 8-16 所示。

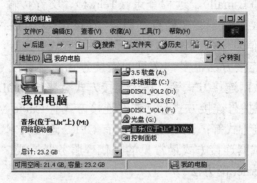

图 8-16　映射的网络驱动器"M:"

如果将映射网络驱动器的文件夹设置为只读共享，其他用户就没有修改网络驱动器内容的权限。

阅读资料 15——搜索计算机

在计算机网络中如果只知道计算机的名字，而不清楚其具体地址，可以在网络上搜索计算机。搜索计算机的操作方法如下。

（1）右击桌面上的"网上邻居"图标，从快捷菜单中选择"搜索计算机"命令，打开"搜索计算机"窗口。

（2）在"计算机名"文本框中输入要搜索的计算机名，例如，输入"liuwei"。

（3）单击"立即搜索"按钮，搜索的结果显示在右窗格中，如图 8-17 所示。

图 8-17　"搜索结果-计算机"窗口

如果要同时搜索多台计算机，在各计算机名之间用逗号间隔。

8.4　连接 Internet

Internet 是一个全球性的巨大的计算机网络体系，是在美国 1969 年创建的 ARPANET 基础上逐步发展起来的。现在，Internet 把全球数万个计算机网络，数千万台主机连接起来，包含了难以计数的信息资源，向全世界提供信息服务。Internet 能为用户提供的服务项目很多，主要包括电子邮件（E-mail）、远程登录（Telnet）、文件传输（FTP）以及信息查询服务，例如用户查询服务（Finger）、文档查询服务（Archie）、专题讨论（Usenet News）、查询服务（Gopher）、广域信息服务（WAIS）和万维网（WWW）等。

用户与 Internet 的连接方法很多，常见的连接方式主要有拨号连接方式、专线连接方式、无线连接方式和局域网连接方式等。拨号连接方式有普通 MODEM 拨号方式、ISDN 拨号连接方式、ADSL 虚拟拨号连接方式等；专线连接方式有 Cable MODEM 连接方式、DDN 专线连接方式、光纤连接方式等；无线连接方式有 GPRS 连接技术、蓝牙技术（在手机上的应用比较广泛）等；局域网连接方式最常见的是代理服务器方式。下面以 ADSL 宽带连接方式为例，介绍连接 Internet 的方法。

8.4.1　ADSL 简介

ADSL（Asymmetrical Digital Subscriber Line，非对称数字用户线路）是 xDSL 家族成员中的一员。简单地说，ADSL 是利用分频技术把普通电话线路所传输的低频信号和高频信号分离。低频信号供电话使用，高频信号供上网使用，即在同一线路上分别传送数据和语音信号，数据信号并不通过电话交换机设备。这样既可以提供高速传输：上行（从用户到网络）的低速传输可达 640 Kb/s，下行（从网络到用户）的高速传输可达 7 Mb/s；而且在上网的同时不影响电话的正常使用，这也意味着在使用 ADSL 上网时并不需要缴付另外的电话费。ADSL 所用到的协议有 PPPoE、PPPover、RFC1483 BRIDGE 等。

8.4.2　连接 ADSL

连接 ADSL 调制解调器比较简易。由于 ADSL 调制解调器是通过网卡和计算机相连的，所以在安装 ADSL MODEM 前要先安装网卡，网卡可以选择 10 Mb/s 或者 10/100 Mb/s 自适应的。在安装好网卡后，就进行 ADSL MODEM 的连接。ADSL MODEM 有内置式 PCI 接口（此时可省去一块网卡）、外置式（包括 USB 接口）等类型，电话公司一般提供外置式 ADSL MODEM 和滤波器（又称分离器，使上网和打电话互不干扰）。

1. ADSL 单机上网

ADSL 单机上网的连接方式，如图 8-18 所示。先将电话公司外线接到滤波器 LINE 端口，将电话机接在滤波器 PHONE 端口，将滤波器 MODEM 端口连接到 ADSL MODEM 的 DSL 端口。当正确连接后通上电源，其面板上的 DSL 指示灯亮，说明已正确连接。用交叉网线（双绞线）将 ADSL MODEM 和网卡连接起来，一端接到网卡的 RJ45 端口上，另一端接到 ADSL MODEM 的 Ethernet 端口上，当 ADSL MODEM 面板的 Ethernet 指示灯亮就表明连接正确。

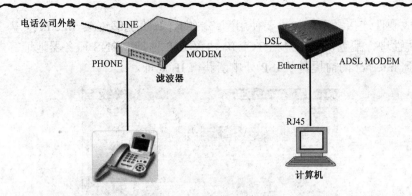

图 8-18　ADSL 单机上网

2．共享 ADSL 上网

利用 ADSL MODEM 的路由功能（现在 ADSL MODEM 一般都有路由功能），可以实现局域网共享上网。如图 8-19 所示，用交换机或 Hub（网络集线器）将多台计算机连网，用交叉网线将 ADSL MODEM 与交换机或 Hub 相连，启用 ADSL MODEM 的 DHCP 功能，客户端配置为自动获取 IP 地址。这种方案维护简单，省去了代理服务器，节省费用，但不能进行复杂的管理、控制。

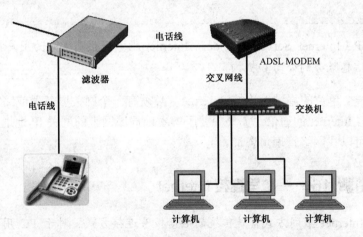

图 8-19　共享 ADSL 上网

在硬件安装完成后，需设置连网计算机操作系统软件的 TCP/IP 协议中的 IP、DNS 和网关参数。如果操作系统没有安装 TCP/IP 协议，此时必须安装 TCP/IP 协议。ADSL 接入 Internet 的方式分为专线连接和虚拟拨号两种方式。专线连接方式如同局域网操作，不需要拨号，打开计算机即可连接到 Internet，一般提供静态的 IP 地址。虚拟拨号方式是指 ADSL 接入时要输入用户名和密码，但并不是真地去拨号，只是模拟拨号过程。虚拟拨号使用 PPPoE 协议（Point to Point Protocol over Ethernet，以太网上的点对点协议），Windows 中已内置了该协议，不用安装虚拟拨号软件，只需要建立一个 ADSL 拨号连接。

8.4.3　将局域网连接 Internet

如果要将局域网连接 Internet，只需将连接 Internet 的电缆线插入局域网的交换机或集线器中。在完成硬件连接之后，如果要使用网络内的计算机能够连接 Internet，需要对计算机的 Internet 属性进行配置，其中包括 TCP/IP 协议、IP 地址、DNS 服务器地址等，如图 8-20 所示。连接到 Internet 的前提是从 ISP 处申请获得 IP 地址。

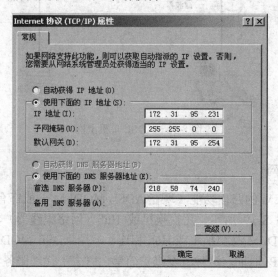

图 8-20   "Internet 协议属性"对话框

 提示   ISP（Internet Server Provider，Internet 服务提供商）是为用户提供 Internet 接入和 Internet 信息服务的公司和机构。

如果要将一个单位的局域网连接 Internet，必须有一个网关服务器或路由器，这样才可以实现计算机与 Internet 的通信。如果想要了解本地局域网上的网关 IP 地址和用户计算机的 IP 地址分配，可以找网络管理员咨询。

阅读资料 16——拨号连接 Internet

拨号连接 Internet 上网方式就是传统的电话拨号连接方式。对于 PC 用户来说，不论在何地，只要能接通电话，就可以利用 MODEM（调制解调器）和电话线路拨号连通 Internet。拨号连接的优点是连网费用便宜，连网的地点可以随心所欲地移动。其缺点是不能使用 Internet 的全部服务工具，传输速度受电话线路质量的限制，目前在国内的电话线上只能达到 14.4 Kb/s（经压缩可望达到 56 Kb/s）。拨号连接的另一个缺点是，只有当电话接通时，网络才能开通，因此，对方用户不能主动与你联系通信。

MODEM 的作用就是将计算机中的数字信号和电话线路传输的模拟信号进行转换。它分为内置式和外置式两种类型，内置式 MODEM 需要占用计算机系统的扩展槽，但有些计算机在主板上就集成了 MODEM；外置式 MODEM 连接到计算机的串行通信口上。

思考与练习 8

1. 填空题

（1）在计算机网络中，通信双方必须共同遵守的规则或约定，称为_____。

（2）在计算机网络中，通常把提供并管理共享资源的计算机称为_____。

（3）局域网是一种在小区域内使用的网络，其英文缩写为_____。

（4）TCP 协议称为_____协议，IP 协议称为_____协议，TCP/IP 协议称为_____协议。

（5）IP 地址根据网络规模和应用的不同，分为_____类，常用的有_____类。

（6）在 Internet 中，IP 地址的表示形式是彼此之间用句点分隔的四个十进制数，每个十进制数的取值范围为_____。

（7）既能查看和复制共享文件夹中的内容，又能在其中添加内容，这种共享通常称为完全共享；如果无法修改共享文件夹中的内容，这种共享称为_____共享。

（8）在 Windows 2000 的"网上邻居"窗口中一般包含有_____、_____和_____三个图标。

（9）把网络中的共享资源映射到本地计算机，作为本地计算机的一个驱动器来使用，这种操作称为_____。

（10）常见的 Internet 连接方式主要有_____、_____、_____和_____等。

2. 选择题

（1）计算机网络的主要目的是实现（　　）。

　　A. 数据处理　　　　　　　　　　　B. 文献检索

　　C. 资源共享和信息传输　　　　　　D. 信息传输

（2）计算机网络最突出的优点是（　　）。

　　A. 精度高　　　　B. 容量大　　　　C. 运算速度快　　　　D. 共享资源

（3）TCP/IP 协议的含义是（　　）。

　　A. 局域网的传输协议　　　　　　　B. 拨号入网的传输协议

　　C. 传输控制协议和网际协议　　　　D. OSI 协议集

（4）在下列各项中，不能作为 Internet 的 IP 地址的是（　　）。

　　A. 202.96.12.14　　　B. 202.196.72.140　　　C. 112.256.23.8　　　D. 201.124.38.79

（5）下列资源中不能设置为共享的是（　　）。

　　A. CD-ROM　　　　B. 打印机　　　　C. 文件夹　　　　D. 显示器

（6）如果要隐藏共享文件夹，需要在共享名后添加符号（　　）。

　　A. @　　　　　　　B. $　　　　　　　C. &　　　　　　　D. #

（7）使计算机以拨号方式接入 Inernet，需要使用（　　）。

　　A. CD-ROM　　　　B. 鼠标　　　　C. 浏览器软件　　　　D. MODEM

（8）在网络上要同时搜索多台计算机，各计算机名之间的间隔符是（　　　）。

    A．空格　　　　　　B．＋　　　　　　　　C．逗号　　　　　　　　D．句号

3．简答题

（1）网络中的每台计算机为什么都必须有一个与其他计算机不相同的网络标识？

（2）如何将一个文件夹设置为共享文件夹？

（3）Windows 2000 中如何添加网上邻居？

（4）如何将网络中的某个共享文件夹映射为网络驱动器？

（5）你所在学校的局域网是以什么方式连接 Internet 的？

4．操作题

（1）如果你使用的计算机是在学校的局域网中，查看相邻同学计算机的 IP 地址、网关、DNS 的服务器的地址，找出相同的设置与不同的设置。

（2）当前用户计算机上没有安装 CD-ROM 驱动器，而网络中的"AA"计算机上的 CD-ROM 驱动器能正常使用，如何将光盘上的文件复制到本地硬盘中？

（3）在"AA"计算机上有一个名为"奥运会"隐藏的共享文件夹，将其添加为一个网上邻居。

（4）局域网中有名为"A1"、"A2"、…、"A30"的计算机，同时搜索名为"A10"、"A12"、"A15"的计算机。

（5）将局域网中"AA"计算机的共享文件夹"奥运金牌榜"映射为本地计算机的一个网络驱动器。

第9章 Internet Explorer
浏览器的使用

Internet 是目前全世界最大的计算机网络，尤其万维网（World Wide Web，简称 WWW）近年来的蓬勃发展，令 Internet 进入一个新的时代。WWW 可谓功能强大，它不仅能展现文字、图像、声音、动画等多媒体文件，并可达到使用户在单一界面存取各种网络资源服务的实用理念。所以要进入五花八门的 WWW 世界，就要拥有一个界面友好、功能强大、使用简便的浏览器来读取与 WWW 主机双向沟通的各种资源。Windows 2000 操作系统内置了 Internet Explorer 5.0，无论搜索信息还是浏览喜爱的站点，Internet Explorer（IE）都将使用户轻松地从 WWW 上获得丰富的信息。

本章的主要内容包括：
- IE 浏览器的使用。
- 打印与保存网页信息。
- 搜索与下载资料。
- 申请电子邮箱。
- 接收和发送电子邮件。

9.1 网上信息浏览

目前在 Windows 操作系统中使用最广泛的浏览器有 Internet Explorer，简称 IE。通过 IE 浏览器，可以获取信息、查阅资料、收发电子邮件等。下面以 Internet Explorer 为例介绍浏览器的使用方法。

9.1.1 浏览网页

将计算机连接到 Internet 后，双击 Windows 系统桌面上的 Internet Explorer 图标，快速启动 IE 浏览器，指定一个网站地址，如 "http://www.phei.com.cn"，打开该网站，如图 9-1 所示。

IE 浏览器窗口的结构与 Windows 系统中的其他窗口界面类似，包括标题栏、菜单栏、工具栏和状态栏，与其他窗口不同的是它有地址栏和链接栏，如图 9-1 所示。地址栏可供用户输入需要访问站点的网址；链接栏可供用户快速链接到预设的公共热门网站。

如果在窗口中看不到其中的部分栏目，可以通过 "查看" 菜单中的 "工具栏"、"状态栏"、"浏览栏" 进行设置。

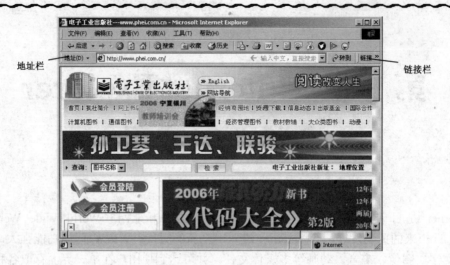

图 9-1　IE 浏览器窗口

　　在浏览器显示区中，鼠标指针有两种形状：空心箭头和空心小手。当鼠标指针呈现空心箭头时，单击鼠标左键不会打开新的页面；而当鼠标指针呈现小手形状时，表示小手所指的位置有超级链接地址，通过单击鼠标左键可以切换到所链接到的网页或内容。

　　在浏览网页的过程中，用户可以通过浏览器工具栏中的"前进"、"后退"按钮快速查看已浏览过的页面。

9.1.2　收藏网页

　　对于用户喜欢的网页，可以保存其地址，以后访问这些网页时，不用输入网址就能快速打开这些网页。

　　将网页添加到收藏夹后，可以直接从收藏夹中选择要打开的网页，具体的操作步骤如下。

　　（1）打开要添加到收藏夹列表的网页，单击"收藏"菜单中的"添加到收藏夹"命令，打开"添加到收藏夹"对话框，如图 9-2 所示。

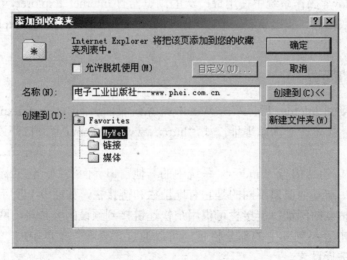

图 9-2　"添加到收藏夹"对话框

（2）可以将网页添加到指定的文件夹中，在"创建到"列表框中选择要添加的文件夹或创建一个新的文件夹，这样就可以分门别类地进行收藏。

（3）单击"确定"按钮。

如果要打开收藏的网页，在"收藏"菜单中选择要打开文件夹中的网页，或单击工具栏上的"收藏"按钮，打开"收藏夹"窗格，选择要打开的站点，如图 9-3 所示。

图 9-3　打开"收藏夹"窗格

9.1.3　设置主页

主页是指启动 IE 浏览器时最先显示的 Web 页。如果用户经常访问某一站点，可以将其设置为主页。这样，每当启动 IE 浏览器时，该站点就会被自动打开，或单击工具栏上的"主页"按钮 时打开该网页。

具体的操作步骤如下。

（1）打开 IE 浏览器窗口，单击"工具"菜单中的"Internet 选项"命令，打开"Internet 属性"对话框。

（2）单击"常规"选项卡，在"主页"栏的"地址"文本框中输入要设置的主页地址。例如，输入"http://www.sohu.com"，如图 9-4 所示。

（3）单击"应用"或"确定"按钮。

9.1.4　将网页添加到链接栏

如果有一些经常访问的 Web 页或站点希望能放在最容易获得的地方，可以把它添加到链接栏中。使用时只需要单击"链接"下拉列表中的网页即可打开该站点。将 Web 页添加到链接栏的常见方法如下。

① 将 Web 页的图标从地址栏拖到链接栏。

② 将网页链接从 Web 页拖到链接栏。

③ 将收藏夹列表中的网页拖到链接栏。

如果链接栏未出现在工具栏上，在"查看"菜单的"工具栏"中选择"链接"选项。也可以将链接网页拖到链接栏上的不同位置以便对链接网页进行归整。

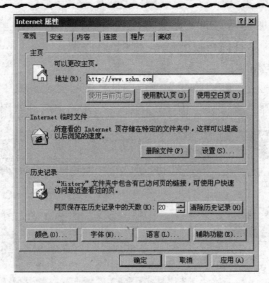

图 9-4   "常规"选项卡

9.2　打印与保存网页信息

用户浏览 Web 页或在 Internet 上查找信息后，往往需要打印 Web 页的内容，也可以将 Web 页中的部分或全部内容（文本、图片等）保存起来，供以后使用。

9.2.1　打印网页

打印 Web 页时，用户可以按照屏幕的显示进行打印，也可以只打印选定的部分，如某个超级链接内容等。

打印当前 Web 页内容的操作步骤如下。

（1）在当前 Web 页中，选择"文件"菜单中的"打印"命令，屏幕出现"打印"对话框，如图 9-5 所示。

图 9-5   "打印"对话框

（2）在"打印"对话框的"常规"选项卡中选择打印机和打印范围。如果打印所链接的网页，在"选项"选项卡中选择"打印链接的所有文档"复选项，如图 9-6 所示。如果只打印链接列表，单击"打印链接列表"复选项。

图 9-6　"选项"选项卡

（3）单击"打印"按钮开始打印。

9.2.2　保存网页信息

用户可以保存当前网页或网页上的文本或图片等。

1．保存 Web 页

保存当前 Web 页的操作步骤如下。

（1）单击"文件"菜单中的"另存为"命令，打开"保存 Web 页"对话框，如图 9-7 所示。

图 9-7　"保存 Web 页"对话框

（2）选择用于保存网页的文件夹和文件名；在"保存类型"下拉列表中，选择保存网页的文件类型。

① Web 页，全部：保存显示该网页时所需的全部文件，包括图像、框架和样式表。

② Web 档案，单一文件：把显示该网页的全部信息保存在一个 MIME 编码的文件中。

③ Web 页，仅 HTML：只保存当前 HTML 页，但它不保存图像、声音或其他文件。

④ 文本文件：以纯文本格式保存网页信息。

2. 保存 Web 页中的文本或图片

【例 9-1】上网浏览一个自己喜欢的网站，分别将网页中的一段文字、图片保存起来。

分析：在浏览网页时，可以将网页的全部或部分内容（文本、图片或链接内容）内容保存起来，以便将来使用或与他人交流。

具体的操作步骤如下。

（1）打开要保存内容的网页。

（2）保存文本。选中要保存的文本，然后右击，从弹出的快捷菜单中选择"复制"命令，如图 9-8 所示，再粘贴到打开的编辑文档（如 Word 文档）中，完成后保存该文档。

（3）保存图片。右击要保存的图片，在弹出的快捷菜单中选择"图片另存为"命令，如图 9-9 所示。在打开的"保存图片"对话框中选择保存位置、文件名和文件类型后，单击"保存"按钮保存该图片。

同样的方法，右击超链接地址，通过打开的快捷菜单还可以复制网页中的超链接地址，如图 9-10 所示。

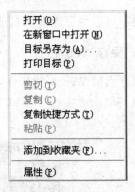

图 9-8　文本快捷菜单　　　图 9-9　图片快捷菜单　　　图 9-10　超链接快捷菜单

快捷菜单中部分选项的含义如下。

① 复制：可以将网页中的信息复制到文档（如打开的 Word 文档）中。

② 设置为墙纸：将网页的图像用做桌面墙纸。

③ 目标另存为：不打开网页或图片而直接保存。

9.3　搜索与下载资料

Internet 上提供了丰富的资源，用户可以通过综合类网站上的搜索引擎或专业的搜索网站查找所需要的资料。要搜索需要的资料，可以通过专业网站上的目录列表或选择并利用搜索引擎输入资料的关键词进行查找，找到资料后可以进行浏览、保存或者下载。

9.3.1 搜索资料

1．利用综合类网站所带搜索引擎搜索

现在大部分综合类网站都带有搜索引擎，在搜索引擎中输入关键字或词组就可以进行搜索，方便用户查询资料。下面以"搜狐"网站为例，简要介绍利用综合类网站的搜索引擎搜索资料的操作方法。

（1）在 IE 浏览器地址栏中输入网址"http://www.sohu.com"，在网站的搜索引擎文本框中输入搜索关键字，如输入"世界杯"，如图 9-11 所示。

图 9-11 搜狐网站的搜索引擎

（2）输入搜索关键字后直接按 Enter 键或单击"搜索"按钮，打开的搜索结果列表如图 9-12 所示。

图 9-12 "世界杯"搜索结果网页

（3）搜索结果网页的右上角列出了找到相关网页的数量和所需的时间。选择相应的链接地址，单击后进入相关的网站查看详细的网页内容。

2．利用专业搜索引擎网站搜索资料

目前有很多知名的专业搜索引擎网站，如Google、百度、慧聪、北大天网、新浪、搜狐、网易、Tom、Yahoo、3721 等，下面以百度为例，介绍专业搜索引擎网站搜索资料的方法。

（1）打开 IE 浏览器，在地址栏输入 "http://www.baidu.com"，打开百度搜索引擎，如图 9-13 所示。

图 9-13　百度搜索引擎

（2）根据需要选择搜索资料的分类：资讯、网页、图片等。例如，使用默认的网页类别，在搜索文本框中输入关键字 "MP4 播放器"，按 Enter 键或单击 "百度搜索" 按钮，搜索结果如图 9-14 所示。

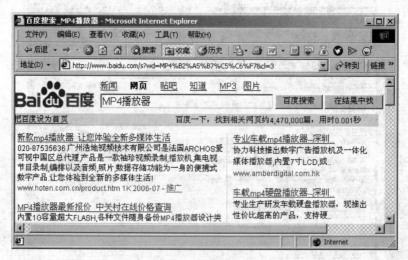

图 9-14　"MP4 播放器" 搜索结果网页

（3）在搜索结果中，上面列出了找到相关网页的数量和所需的时间，下面分页列出了相关的网页链接和简介，通过拖动垂直滚动条，可以看到下面的搜索结果分页。如果重新输入查询内容，单击"在结果中找"按钮，可以在当前搜索结果中进行精确搜索。

找到需要资料的网页后，可以收藏该网页，也可以直接查看该网页或下载到本地计算机进行查看。

9.3.2　下载资料

有些资料或软件是以压缩文件的形式存放在网站上的，需要时必须下载才能使用。搜索到的下载网页上通常都有下载链接地址，单击该链接地址，指定存放目录路径，即可将资料下载到自己的计算机中。

如果计算机中安装有下载工具，如迅雷、网际快车、网络蚂蚁、影音传送带、BT 等工具，可以在网页下载的链接地址处单击鼠标右键，在弹出的快捷菜单中选择相应的下载工具程序进行下载。

9.4　申请电子邮箱与发送邮件

电子邮件（E-mail）服务是 Internet 的一项主要功能，自从有了 Internet，利用电子邮件互相联络的人越来越多。电子邮件具有传递速度快、可达范围广、功能强大和使用方便等优点，已经迅速成为网上用户的主要通信手段之一。本节将介绍如何申请电子信箱以及收发电子邮件的方法。

9.4.1　申请电子邮箱

电子邮件地址的格式是：用户名@电子邮件服务器名。例如"qdwy1226@163.com"。电子邮件地址由用户名、@（读做 at）分隔符和电子邮件服务器三部分组成。用户名不一定是真实的姓名，一般由字母、数字等组成，字母不区分大小写。

电子邮件服务器分邮件接收服务器和邮件发送服务器两种。电子邮件服务器与用户计算机之间的协议是 POP3（Post Office Protocol-Version 3，邮局协议第 3 版），它是 Internet 电子邮件的第一个标准。它提供信息存储功能，保存收到的电子邮件直到用户登录下载，并且在所有信息和附件下载后从服务器上删除。邮件服务器之间的协议是 SMTP（Simple Mail Transfer Protocol，简单邮件传输协议），主要完成邮件服务器对邮件的存储或转发操作。

【例 9-2】在网易（163）网站上为自己申请一个免费的电子邮箱，例如"qdwy1226@163.com"。

分析：目前 Internet 上提供免费邮箱服务的 ISP 非常多，很多综合网站提供免费电子邮箱服务。申请电子邮箱后就可以发送邮件了。

具体的操作步骤如下。

（1）在 IE 浏览器地址栏中输入"http://mail.163.com"，打开网易邮箱首页，如图 9-15 所示。

（2）单击"注册 3G 免费邮箱"按钮，出现网易通行证的服务条款窗口，单击"我接受"按钮，确认服务条款，出现填写用户名和密码窗口，如图 9-16 所示。

图 9-15　网易邮箱首页

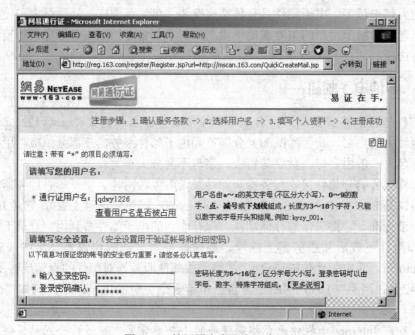

图 9-16　填写用户名和密码窗口

（3）填写用户名，如 "qdwy1226"，单击下面的 "查看用户名是否被占用"，如果已经被抢注，需要更换一个，然后填写登录密码等信息。填写完毕后单击 "提交表单" 按钮，出现填写个人资料窗口，如图 9-17 所示。

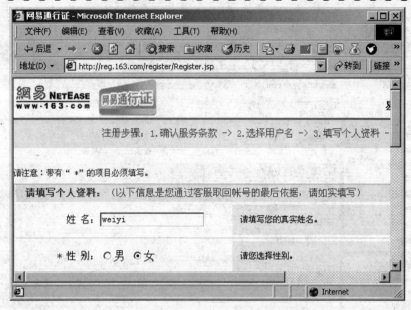

图 9-17　填写用户个人资料窗口

（4）填写个人资料后，单击"提交表单"按钮，出现 163 免费邮箱申请成功的提示页面。

至此已经申请了 163 免费电子邮箱，通过它就可以收发电子邮件了，但要记住所申请的用户名和密码。

9.4.2　发送与接收电子邮件

1．撰写和发送电子邮件

利用 WWW 浏览器在线撰写和发送邮件比较简单，具体的操作步骤如下。

（1）打开如图 9-15 所示的 163 免费电子邮箱首页，输入用户名和密码，然后单击"登录邮箱"按钮，出现电子邮件窗口。

（2）撰写邮件。单击左侧的"写信"按钮，出现撰写和发信邮件窗口，在"发给"文本框中输入收信人的电子邮件地址，在"主题"文本框中输入邮件主题，在下面的空白文本框中输入信件内容，如图 9-18 所示。如果想把一个文件随邮件一起发送给对方，单击"附件"按钮，查找需要作为附件发送的文件，可以添加多个附件。

（3）单击"发送"按钮立刻将邮件发出。选择页面底部的"定时发送"，可以让服务器按指定的时间将邮件送往目的地。

如果短时间内写不完信件，单击"存草稿"按钮可以把邮件暂存到草稿箱中，下次登录后，在草稿箱中单击该邮件主题，可以打开撰写和发信窗口继续编辑。

2．接收电子邮件

在如图 9-18 所示的页面中，单击左侧的"收件箱"按钮，出现收件箱窗口，如图 9-19 所示。在收件箱中选择一封邮件，单击该邮件主题就可以打开这封邮件。如果邮件带有附件，可以在附件栏右侧出现的"下载附件"按钮上单击，把附件下载到本地计算机的指定目录中。

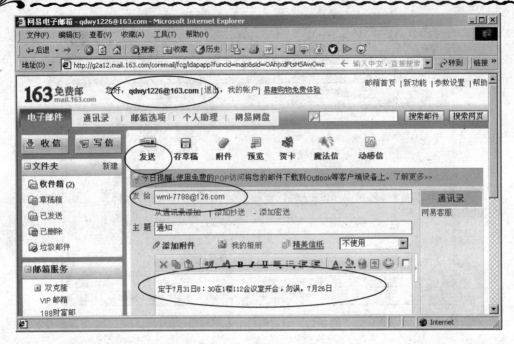

图 9-18　撰写和发信邮件窗口

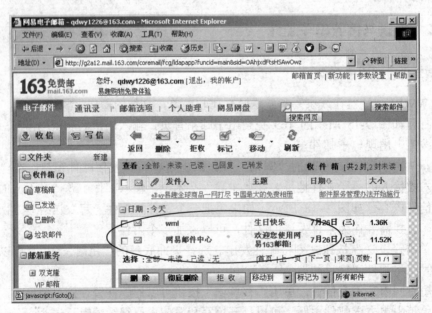

图 9-19　收件箱窗口

申请电子邮箱后，可以先试着给自己发送一封邮件，然后再接收邮件，以便熟悉如何发送和接收邮件。

阅读资料 17——**域名和** URL **简介**

1. 域名

域名是一个网站的标识，又叫域名地址，它通常跟 IP 地址是相互对应的，域名避免了 IP 地址难以记忆的问题。域名是分层管理的，层与层之间用句点隔开。顶层域名在右侧，也称顶级域名，向左依次是机构名、网络名、服务器名。一般格式为：

　　　host.inst.fild.stat

其中 stat 是国别代码；fild 是网络分类代码；inst 是单位或子网代码，一般是其英文缩写；host 是服务器名或主机代码。如电子工业出版社的 WWW 服务器的域名为：www.phei.com.cn。

Internet 上的最高域名被授权由美国网络信息中心登记，在美国顶级域名用于区分机构，而在美国以外用于区分国别或地域。表 9-1 和表 9-2 是常见的顶级域名及其含义。

表 9-1　以机构区分的部分域名及含义

域　名	含　义	域　名	含　义	域　名	含　义
com	商业机构	edu	教育机构	org	非营利性组织
mil	军事机构	net	公共网络		
ac	学术机构	gov	政府机构		

表 9-2　以国别或地域区分的部分域名及含义

域　名	含　义	域	含　义	域　名	含　义
ag	南极	es	西班牙	lu	卢森堡
ar	阿根廷	fr	法国	my	马来西亚
br	巴西	hk	中国香港	nz	新西兰
ca	加拿大	il	以色列	pt	葡萄牙
cn	中国	it	意大利	sg	新加坡
de	德国	jp	日本	tw	中国台湾
dk	丹麦	kr	韩国	uk	英国

另外，还有一些常见的国内域名：.com.cn（商业机构）、.net.cn（网络服务机构）、.org.cn（非营利性组织）、.gov.cn（政府机关）等。

域名并不是连接 Internet 的每一台计算机所必需的，只有作为服务器的计算机才需要。Internet 上通过域名服务器将域名自动转换为 IP 地址。

2. URL

URL 是 Uniform Resource Locator 的缩写，又称统一资源定位地址。URL 可看做计算机文件系统在网络上的扩展，它定义文件在 Internet 上的位置，无论是位于哪台服务器，还是哪个路径，只要给出文件的 URL 地址，就能在 Internet 中准确无误地定位该文件。一个完整的 URL 包括：协议名、域名或 IP 地址、资源存放路径、资源名称等内容。

例如，"http://www.qdtravel.com/fengqing/routes3.shtm" 就是一个典型的 URL 地址。

思考与练习 9

1. 填空题

（1）万维网简称 WWW，其英文全称是＿＿＿＿＿＿＿＿＿。

（2）IE 浏览器的英文全称是＿＿＿＿＿＿＿＿＿。

（3）电子邮件地址由＿＿＿＿＿＿、＿＿＿＿＿＿和＿＿＿＿＿＿三部分组成。

（4）电子邮件服务器分为邮件接收服务器和邮件发送服务器两种，其中电子邮件服务器与用户计算机之间的协议是＿＿＿＿＿＿，电子邮件服务器之间的协议是＿＿＿＿＿＿。

（5）根据 Internet 的域名代码规定，域名中的 com 表示的是＿＿＿＿＿＿网站。

（6）一个完整的 URL 包括＿＿＿＿＿＿、域名或 IP 地址、资源存放路径、＿＿＿＿＿＿等内容。

2. 选择题

（1）正确的电子邮件地址的格式是（　　　）。

　　A．用户名+计算机名+机构名+最高域名

　　B．用户名+@+计算机名+机构名+最高域名

　　C．计算机名+机构名+最高域名+用户名

　　D．计算机名+@ +机构名+最高域名+用户名

（2）在下列各项中，可以作为电子邮件地址的是（　　　）。

　　A．qdwy1226@163.com　　　　　　　B．qdwy1226#yahoo

　　C．qdwy1226.256.23.8　　　　　　　D．qdwy1226&suho.com

（3）电子邮件地址中不包含（　　　）。

　　A．用户名　　　B．邮箱的主机域名　　　C．用户密码　　　　D．@

（4）以下关于电子邮件说法错误的是（　　　）。

　　A．用户只要与 Internet 连接，就可以发送电子邮件

　　B．电子邮件可以在两个用户间交换，也可以向多个用户发送同一封邮件，或将收到的邮件转发给其他用户

　　C．收发电子邮件必须有相应的软件支持

　　D．用户可以以电子邮件的方式在网上订阅电子杂志

（5）用户在 ISP 登记注册拨号上网功能后，其电子邮箱建在＿＿＿＿＿＿。

　　A．用户的计算机上　　　　　　　　B．发信人的计算机上

　　C．ISP 的服务器上　　　　　　　　D．收信人的计算机上

（6）根据 Internet 的域名代码规定，表示政府部门网站的域名为（　　　）。

　　A．net　　　　　B．com　　　　　C．gov　　　　　D．org

（7）有一域名为"xuexi.edu.cn"，根据域名代码的规定，此域名表示的机构是（　　　）。

　　A．政府机关　　B．商业组织　　C．军事部门　　D．教育机构

（8）域名"MH.BIT.EDU.CN"中最高域名是（　　　）。

　　A．MH　　　　　B．EDU　　　　　C．CN　　　　　D．BIT

（9）域名"MH.BIT.EDU.CN"中的服务器名是（　　）。

A．MH　　　　　　　B．EDU　　　　　　C．CN　　　　　　　D．BIT

（10）统一资源定位地址 URL 的格式是（　　）。

A．协议://域名或 IP 地址/路径/文件名　　B．协议://路径/文件名

C．TCP/IP 协议　　　　　　　　　　　　D．http 协议

（11）在下列各项中，不能作为 URL 的是（　　）。

A．http://www.bit.edu.cn　　　　　　　B．http://www.bit.edu.cn/dir/fi.html

C．ww.bit.edu.cn　　　　　　　　　　　D．http://bit.edu.cn

3．简答题

（1）ISP 的含义是什么？

（2）如何保存网页中的一幅图片？

（3）如何保存在网页中选择的文字？

（4）你所知道的专业搜索引擎网站有哪些？

（5）如何接收和发送电子邮件？

4．操作题

（1）从 Internet 搜索关于奥运会中有关乒乓球比赛的图片资料，并下载 3～5 幅保存到磁盘上。

（2）从网上搜索一篇关于如何学习游泳的资料，保存到 Word 文档中。

（3）通过百度搜索引擎搜索并试听一首 mp3 歌曲。

（4）选择一个 ISP，申请一个免费的电子信箱，并分别向班级的其他同学发送电子邮件。

第10章 Outlook Express
电子邮件管理

现在每天通过 Internet 收发的电子邮件数以万计，无论发往全国还是世界各地，只需要几秒钟的时间，并且费用比普通信件要少得多。因此，电子邮件是一种成本低廉、传递迅速、全球畅通的现代化通信方式。它突破了传统邮件的服务方式和服务范围，能够在任何 Internet 用户之间实现信息的传递，这些信息包括文本、声音、图像等。Windows 2000 为用户收发电子邮件内置了 Outlook Express 应用程序。使用 Outlook Express 可以在 Internet 上与任何人交换电子邮件、参加新闻组交换信息等。

本章的主要内容包括：
- Outlook Express 的基本设置方法。
- 使用 Outlook Express 收发电子邮件。
- 电子邮件管理。
- 通讯簿的管理。

10.1 Outlook Express 的基本设置

收发电子邮件除了登录到相应的网站（如网易、搜狐等）进行收发外，还可以使用 Windows 2000 内置的 Outlook Express 进行收发。

10.1.1 启动 Outlook Express

启动 Outlook Express 的操作步骤如下。

单击"开始"→"程序"→"Outlook Express"命令，启动 Outlook Express 程序，如图 10-1 所示。

Outlook Express 窗口的左窗格是文件夹列表，右窗格是电子邮件列表和邮件预览区。

> 提示 在第一次启动 Outlook Express 时，自动打开 Internet 连接向导，提示用户输入用户名、电子邮件地址，填写电子邮件服务器等。

10.1.2 添加电子邮件账户

使用 Outlook Express 收发电子邮件，首先需要在 Outlook Express 中设置电子邮件账户，用户使用该账户收发电子邮件；然后设置邮件服务器的类型（POP3、IMAP 或 HTTP）、

图 10-1　Outlook Express 窗口

账户名和密码，以及接收、发送邮件服务器的名称。在 Outlook Express 中添加电子邮件账户的操作步骤如下。

（1）在 Outlook Express 窗口（如图 10-1 所示），单击"工具"菜单中的"账户"命令，打开"Internet 账户"对话框，选择"邮件"选项卡，如图 10-2 所示。

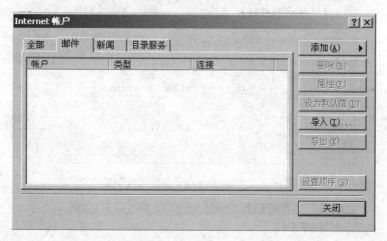

图 10-2　"邮件"选项卡

（2）单击"添加"按钮，从弹出的菜单中选择"邮件"命令，启动"Internet 连接向导"，如图 10-3 所示，在"显示姓名"文本框中输入用户姓名。

（3）单击"下一步"按钮，出现"Internet 电子邮件地址"页面，如图 10-4 所示。选择"我想使用一个已有的电子邮件地址"单选项，在"电子邮件地址"文本框中输入一个电子邮件地址，例如，输入"qdwy1226@163.com"。

（4）单击"下一步"按钮，出现"电子邮件服务器名"页面，如图 10-5 所示。在"邮件接收服务器"文本框中输入与电子邮件地址对应的 POP3 服务器名，例如"pop.163.com"；在"邮件发送服务器"文本框中输入与电子邮件对应的邮件发送服务器名，例如"smtp.163.com"。

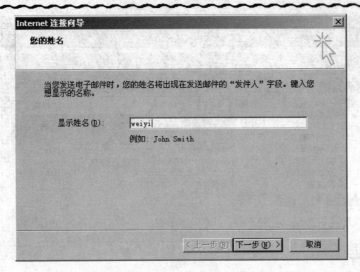

图 10-3　"您的姓名"页面

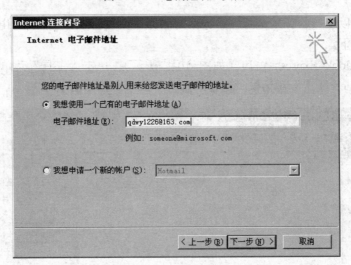

图 10-4　"Internet 电子邮件地址"页面

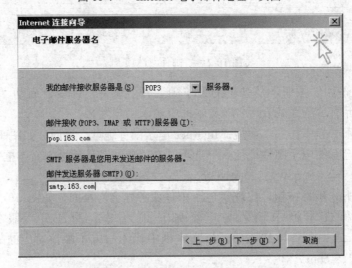

图 10-5　"电子邮件服务器名"页面

（5）单击"下一步"按钮，出现"Internet Mail 登录"页面，如图 10-6 所示。在"账户名"文本框中自动显示邮件账户名称，在"密码"文本框中键入密码。

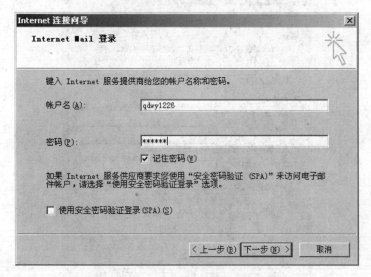

图 10-6　"Internet Mail 登录"页面

（6）单击"下一步"按钮，出现祝贺完成账户添加提示页面，单击"完成"按钮，完成添加账户操作。

新添加的账户显示在如图 10-7 所示的邮件账户列表中。

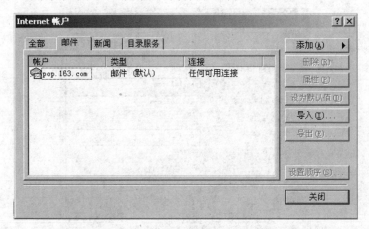

图 10-7　邮件账户列表页面

Outlook Express 可以管理多个邮件账户，用户可以添加多个邮件账户，发送邮件时可以选择一个账户。

10.1.3　修改用户账户属性

对于添加的邮件账户，可以修改其属性。具体的操作步骤如下。

（1）单击 Outlook Express 窗口"工具"菜单中的"账户"命令，打开"Internet 账户"对话框，如图 10-7 所示。如果添加了多个邮件账户，选择一个需要修改属性的邮件账户。

（2）单击"属性"按钮，打开邮件账户属性设置对话框。在该属性设置对话框的"常规”选项卡中可以设置邮件账户和用户信息，如图 10-8 所示。

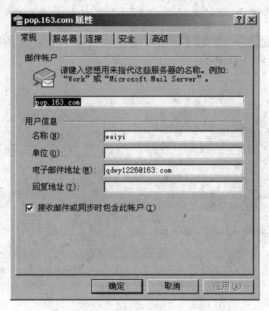

图 10-8　“常规”选项卡

（3）在“服务器”选项卡中，可以设置收发邮件服务器的类型、地址以及邮件接收服务器的账户名、密码等，如图 10-9 所示。

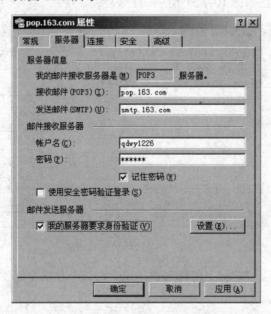

图 10-9　“服务器”选项卡

（4）在“连接”选项卡中，可以设置连接邮件服务器的连接方式是通过局域网还是拨号连接。

在完成以上设置后，就可以利用 Outlook Express 收发电子邮件了。

10.2　收发电子邮件

【例 10-1】使用 Outlook Express 程序，给自己发送一封邮件，然后再接收邮件。

分析：检测 Outlook Express 的设置是否正确的最好方法是先给自己发送一封电子邮件，然后再接收该邮件，如果能发送邮件，并能接收邮件，说明 Outlook Express 的设置正确。

10.2.1　创建和发送新邮件

创建邮件的操作步骤如下。

（1）单击工具栏上的"新邮件"按钮，打开"新邮件"窗口，如图 10-10 所示。

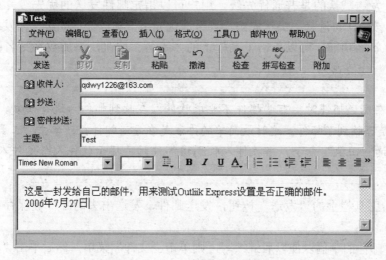

图 10-10　"新邮件"窗口

（2）在"收件人"文本框中，键入收件人的电子邮件地址；如果要抄送其他人，在"抄送"文本框中键入收件人的电子邮件地址，如果要抄送多人，邮件地址分别用逗号或分号间隔。

① 抄送：指所发送的全部邮件账户将显示在每个邮件中，收件人都能看到抄送了哪些人。

② 密件抄送：指收件人不知道该邮件抄送了哪些人。

如果要从通讯簿中添加电子邮件地址，单击"新邮件"窗口中"收件人"、"抄送"和"密件抄送"旁的图标按钮，在打开的"选择收件人"对话框中选择收件人、抄送人和密件抄送人的电子邮件地址。如果"新邮件"窗口中没有"密件抄送"文本框，选择"查看"菜单中的"所有邮件标题"选项。

（3）在"主题"文本框中，键入邮件主题，以便收件人判断邮件内容。例如，键入"Test"。然后在邮件窗口最下面的编辑框中撰写邮件正文，也可以从其他文档中复制内容。

（4）如果要发送的邮件是一个或多个文件，例如 Word 文档、图形文件等，可以以附件的方式来发送。单击工具栏中的"附加"按钮，打开如图 10-11 所示的"插入附件"对话框，选择要发送的附件，单击"附加"按钮。

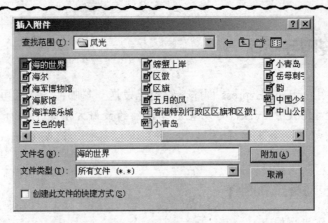

图 10-11 "插入附件"对话框

（5）邮件发送默认的是普通优先级，用户可以指定邮件发送的优先级。单击工具栏上的"优先级"按钮，可选择"高优先级"、"普通优先级"和"低优先级"来发送。如果用户账户带有数字签名功能，可以单击工具栏上的"签名"按钮，添加数字签名；还可以单击"加密"按钮，设置密码。

提示　在发送邮件时，有些邮件不要求收件人在收到邮件后进行回复，但有时希望知道收件人是否收到了邮件。这时最简单的办法是在发送邮件前，单击"工具"菜单中的"请求'已读'回执"命令，当收件人收到该邮件时，提示收件人给发件人发送一个回执。

（6）单击工具栏上的"发送"按钮，发送邮件，发送出去的邮件被保存在"已发送邮件"文件夹中。

若要保存邮件的草稿以便以后继续写，则单击"文件"菜单，然后单击"保存"命令，也可以单击"另存为"命令，然后以邮件（.eml）、文本（.txt）或 HTML（.htm）格式将邮件保存在文件系统中。

10.2.2　接收和阅读邮件

用户所发送的邮件都保存到邮件服务器上，当启动 Outlook Express 并连接 Internet 时，定期检查邮箱，接收自己的邮件。接收和阅读邮件的操作步骤如下。

（1）单击工具栏上的"发送/接收"按钮，系统将接收其他用户发来的电子邮件，保存到"收件箱"文件夹中。如果"发件箱"文件夹中有未发送的邮件，系统自动发送这些邮件。

（2）接收邮件结束后，在"收件箱"文件夹旁边显示未阅读的邮件数。单击"收件箱"文件夹，这时所有已收到的邮件都显示在右窗格中。

如果邮件没有被阅读，发件人前面的信封标记为 ✉，并且标题以粗体显示，表示尚未打开。已经阅读的邮件前显示信封标记为 ✉，表示已经阅读过。

（3）单击要阅读的邮件，在预览窗格中查看邮件的具体内容，如图 10-12 所示。如果要在单独的窗口查看邮件，在邮件列表中双击该邮件。

图 10-12　阅读邮件窗口

　　若要查看某邮件的所有信息（如发送邮件的时间），单击"文件"菜单中的"属性"命令，在打开的对话框中可以查看与邮件相关的信息。若要将邮件存储在文件系统中，单击"文件"菜单中的"另存为"命令，打开"另存为"对话框，然后选择格式（邮件、文件或HTML）和存储位置，单击"确定"按钮。

　　在邮件列表中，如果某个邮件的左侧有曲别针 📎 标记，表示该邮件有附件。打开和保存附件的操作方法如下。

　　（1）单击邮件预览窗口邮件标题中的曲别针图标，然后单击所要打开的附件文件名，或双击带有附件标记的邮件，打开如图 10-13 所示的邮件窗口，双击"附加"文本框中的附件文件名图标，即可打开该附件文件。

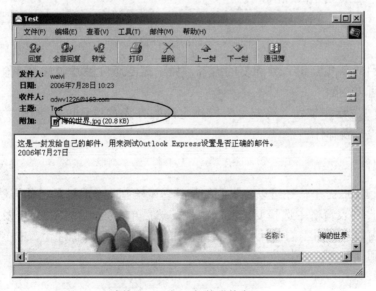

图 10-13　打开邮件附件窗口

　　（2）如果单击附件标记，或选择"文件"菜单中的"保存附件"命令，可以保存该附件。

10.2.3　回复和转发邮件

在收到电子邮件后，往往对有些邮件要进行回复或转发。回复邮件就是对某封邮件做出答复；转发邮件就是将收到的电子邮件再发送给别人。

1. 回复邮件

使用 Outlook Express 回复电子邮件的功能，可以避免因人工输入收件人的电子邮件地址而产生的错误，导致发送失败。回复电子邮件的操作方法如下。

（1）在 Outlook Express 窗口中，打开收件箱，选择要回复的邮件，然后单击工具栏中的"回复"按钮，屏幕出现回复邮件窗口，如图 10-14 所示。窗口的标题自动添加标注为"Re:"，在"收件人"文本框中自动添加了原邮件的发件人地址。

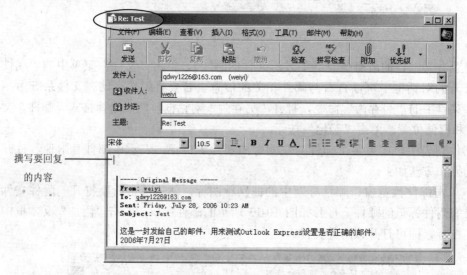

图 10-14　回复邮件窗口

（2）在邮件编辑窗口键入要回复的内容，如果需要还可以添加附件。原邮件如果附在邮件之后，也可以删除。

（3）单击"发送"按钮，将邮件发给指定的收件人，也可以再单击"发送/接收"按钮，来发送和检查新邮件。

2. 转发邮件

在 Outlook Express 中，还可以将收到的邮件转发给别人，具体的操作方法如下。

（1）在邮件列表窗格中选择要转发的邮件，然后单击工具栏中的"转发"按钮，屏幕出现转发邮件窗口，如图 10-15 所示。这时窗口的标题自动添加标注为"Fw:"，原邮件自动添加到了转发邮件编辑窗口中。

图 10-15　转发邮件窗口

（2）在"收件人"文本框中键入收件人的电子邮件地址；在邮件编辑窗口键入要添加的邮件内容，然后单击工具栏上的"发送"按钮。

> **提示**　原邮件可以作为附件来发送，操作方法：在邮件列表窗格中右击要转发的邮件，在弹出的快捷菜单中选择"作为附件转发"命令，打开"新邮件"窗口，把该邮件作为附件转发给他人。

另外，为帮助用户辨别不同类型的电子邮件或状态。表 10-1 列出了 Outlook Express 中常见的邮件列表图标。

表 10-1　Outlook Express 邮件列表图标

图　标	含　义
📎	邮件带有一个或多个附加文件
!	邮件已由发件人标记为高优先级
↓	邮件已由发件人标记为低优先级
✉	邮件已经阅读，标题以正常字体显示
✉	邮件尚未阅读，标题以粗体显示
✉	邮件已回复
✉	邮件已转发
📄	正在撰写中的邮件，存储在"草稿"文件夹中
✉	邮件带有数字签名，而且尚未打开
✉	邮件已加密，而且尚未打开
✉	邮件带有数字签名并已加密，而且尚未打开
✉	邮件带有数字签名，而且已经打开过
✉	邮件已加密而且已经打开过

续表

图　标	含　义
	邮件带有数字签名并已加密，而且已经打开过
	IMAP 服务器上未阅读的新闻邮件标题
	打开的邮件在 IMAP 服务器上被标记为删除
	邮件已做了标记
	标记要下载的 IMAP 邮件
	标记要下载的 IMAP 邮件和所有对话
	标记要下载的单个 IMAP 邮件（没有对话）

10.3　邮件管理

使用 Outlook Express 接收大量的邮件后，需要对不同的邮件进行不同的管理。例如，需要将邮件分门别类地存放，需要创建邮件文件夹；删除已阅读的部分邮件等。

10.3.1　创建邮件文件夹

在 Outlook Express 窗口中，系统已经建立了"收件箱"、"发件箱"、"已发送邮件"、"已删除邮件"和"草稿"默认的文件夹。对于这些文件夹，用户只能使用，不能删除或重命名。

除了使用系统提供的这些文件夹外，用户还可以自己创建邮件文件夹，用于存储不同的邮件。创建邮件文件夹的操作步骤如下。

（1）在 Outlook Express 左窗格中，单击要创建子文件夹的文件夹。例如，选择在收件箱中创建一个文件夹"同学信件"，单击"收件箱"，然后选择"文件"→"文件夹"→"新建"命令，打开"创建文件夹"对话框，如图 10-16 所示。

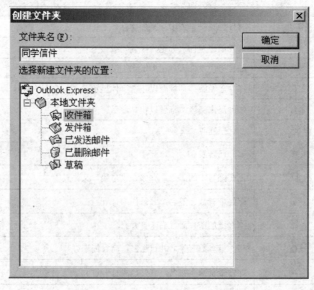

图 10-16　"创建文件夹"对话框

（2）在"文件夹名"文本框中键入要创建的文件夹名称，例如，键入"同学信件"。

（3）单击"确定"按钮，则在"收件箱"中创建了"同学信件"文件夹。

用同样的方法可以在其他文件夹中创建子文件夹。

如果要删除某个文件夹，右击要删除的文件夹，在弹出的快捷菜单中选择"删除"命令。

10.3.2　整理邮件

随着收发邮件的增多，需要对这些邮件进行整理，将不同类型的邮件移动或复制到不同的文件夹中。

1．移动或复制邮件

移动或复制邮件的操作步骤如下。

（1）在 Outlook Express 右侧的邮件列表中，选择要移动或复制的邮件，然后单击"编辑"菜单中的"移动到文件夹"或"复制到文件夹"命令，打开相应的"移动"或"复制"对话框，如图 10-17 所示。

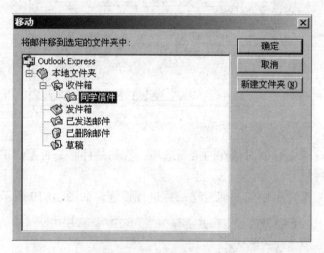

图 10-17　"移动"对话框

（2）选择要移动或复制到的文件夹，或创建一个文件夹，单击"确定"按钮，完成邮件的移动或复制操作。

2．删除邮件

用户可以将已经阅读过的邮件从计算机中删除。删除邮件的操作步骤是：在邮件列表中选择要删除的邮件，然后单击工具栏中的"删除"按钮。

删除的邮件添加到"已删除邮件"文件夹中，用户可以恢复已删除的邮件。恢复删除邮件的操作步骤如下。

（1）打开"已删除邮件"文件夹，选择要恢复的邮件，然后单击"编辑"菜单中的"移动到文件夹"或"复制到文件夹"命令，打开相应的"移动"或"复制"对话框，进行邮件的移动或复制，即可恢复删除的邮件。

（2）如果要真正删除邮件，在"已删除邮件"文件夹中，选择要删除的邮件，然后单击"编辑"菜单中的"删除"或"清空'已删除邮件'文件夹"命令，将删除邮件或清空"已删除邮件"文件夹。

10.3.3 收发邮件选项设置

为了及时地收发电子邮件，需要对收发邮件的选项进行设置。设置方法如下。

（1）单击"工具"菜单中的"选项"命令，打开"选项"对话框，如图 10-18 所示。

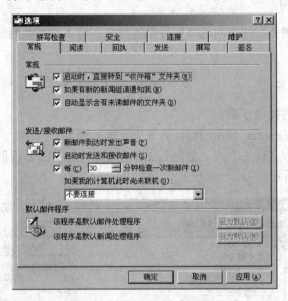

图 10-18　"常规"选项卡

在"常规"选项卡中可以对邮件的常规选项、收到邮件时是否发出声音、启动时是否自动发送和接收邮件等进行设置。

（2）在"发送"选项卡中对如何发送邮件进行设置，如图 10-19 所示。

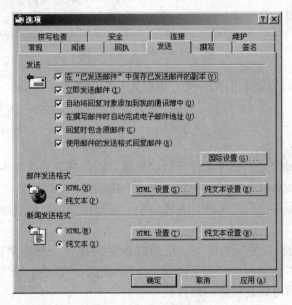

图 10-19　"发送"选项卡

其中，"立即发送邮件"是指定 Outlook Express 是否立即向邮件服务器转发要发送的邮件。如果清除此项，发送的邮件将放在"发件箱"中，直到单击工具栏上的"发送/接收"按钮后，邮件才会发送出去。

"回复时包含原邮件"是指定回复某邮件时是否包含原始邮件。如果清除此项，邮件正文中将只包含输入或粘贴的内容。

还可以对收发邮件进行安全、撰写、签名、维护等进行设置。

10.4　通讯簿管理

Outlook Express 中的通讯簿不但能够记录大量的用户信息，方便用户查询联系人的情况，还能够自动提供联系人的电子邮件地址。

10.4.1　添加与修改联系人

【例 10-2】将朋友或同学的电子邮件地址添加到 Outlook Express 的通讯簿中。

分析：我们平时会给很多单位或个人发送邮件，同时会收到来自各地的邮件。有时还希望把联系人的电子邮件地址记录下来，或收到邮件后自动把发件人的电子邮件地址记录下来，方便以后查找或发送邮件。这就需要用到 Outlook Express 的通讯簿。

要使用通讯簿必须先将电子邮件地址添加到通讯簿，可以使用多种方式将电子邮件地址和其他联系人信息添加到通讯簿中。

1．将联系人输入到通讯簿

将联系人的信息输入到通讯簿的操作步骤如下。

（1）在 Outlook Express 窗口中，单击"工具"菜单中的"通讯簿"命令，打开"通讯簿-主标识"窗口，如图 10-20 所示。

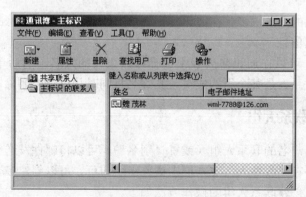

图 10-20　"通讯簿-主标识"窗口

（2）单击工具栏上的"新建"按钮，再单击"联系人"命令，打开联系人属性设置对话框，如图 10-21 所示。

（3）在"姓名"选项卡中输入联系人的姓名及电子邮件地址。单击"添加"按钮，将电子邮件地址添加到通讯簿中。如果联系人有多个电子邮件地址，可以将其中的一个设置为默认值。

（4）在"其他"选项卡中，添加想要的信息。

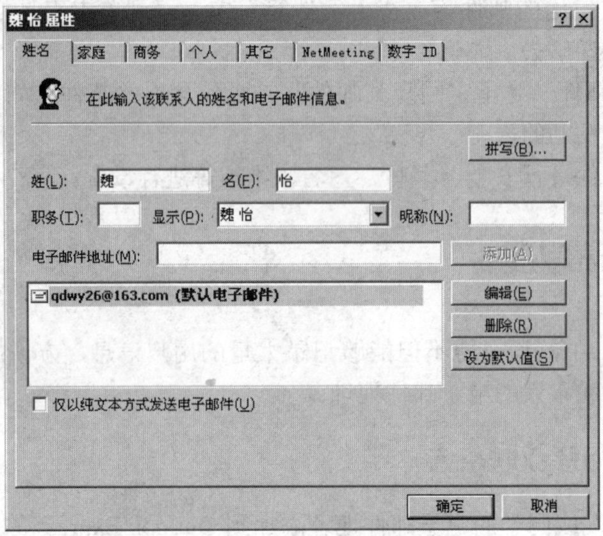

图 10-21　联系人属性设置对话框

2．将回复收件人添加到通讯簿

将所有回复收件人添加到通讯簿的操作步骤如下。

（1）在 Outlook Express 窗口中，单击"工具"菜单中的"选项"命令，打开"选项"对话框，选择"发送"选项卡，如图 10-19 所示。

（2）在"发送"选项卡上，选择"自动将回复对象添加到我的通讯簿中"复选框，然后单击"确定"按钮。

3．修改联系人信息

修改联系人信息的方法很多，在通讯簿列表中，找到并双击需要修改的联系人的姓名，然后根据需要修改其信息。

要删除联系人，可以在通讯簿列表中选择该联系人的姓名，然后单击工具栏上的"删除"按钮。如果该联系人是某个组的成员，其姓名将同时从该组中删除。

10.4.2　创建联系人组

通过创建包含用户名的联系人组（或者"别名"），可以将邮件发送给一组人。这样，在发送邮件时，只需要在"收件人"文本框中键入组名即可。可以创建多个组，并且联系人可以不只属于一个组。创建联系人组的操作方法如下。

（1）打开通讯簿，单击工具栏上的"新建"命令，然后单击"组"命令，打开组属性设置对话框，选择"组"选项卡，如图 10-22 所示。

（2）在"组名"文本框中，键入组的名称。例如，输入"朋友"。

（3）在"姓名"和"电子邮件"文本框中输入要添加到组的成员，但不添加到通讯簿中。如果要将某个人同时添加到组和通讯簿中，可单击"新联系人"按钮，然后填写相应的信息。

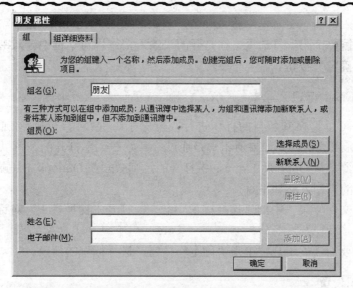

图 10-22　组属性设置对话框

（4）单击"选择成员"按钮，打开"选择组员"对话框，选择成员添加到组中。

（5）单击"确定"按钮，在"组"选项卡的"组员"列表框中显示同一组的成员。

创建联系人组后，可以将该组作为收件人来发送邮件。

10.4.3　标识管理

创建标识是让多个用户在同一台计算机上使用 Outlook Express 和通讯簿的一种方式。例如，用户和一个家庭成员可能公用一台计算机。如果大家分别创建了一个标识，那么当用自己的标识登录时，每人都只会看见自己的邮件和联系人。一旦创建了标识，就可以按照自己喜欢的方式，通过创建子文件夹来组织联系人组了。

1．创建新标识

在 Outlook Express 中创建新标识的操作步骤如下。

（1）单击"文件"菜单中的"标识"命令，然后单击"添加新标识"命令，打开如图 10-23 所示的"新标识"对话框。

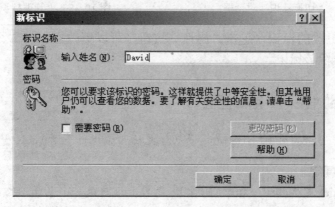

图 10-23　"新标识"对话框

（2）在"输入姓名"文本框中输入姓名，例如，输入"David"。如果需要为这个标识设置密码，选择"需要密码"复选框，在打开的"输入密码"对话框中键入密码。

（3）单击"确定"按钮。

2．切换到不同的标识

不同的用户可以切换到各自的标识进行收发电子邮件。用户可以在通讯簿或 Outlook Express 中进行标识的切换。如果通讯簿是通过"开始"菜单打开的，可以在通讯簿中切换标识；如果通讯簿是从 Outlook Express 中打开的，则必须在 Outlook Express 中进行标识的切换。切换标识的操作方法如下。

（1）单击"文件"菜单中的"切换标识"命令，打开"切换标识"对话框，如图 10-24 所示。

（2）选择所要切换的用户，单击"确定"按钮，进行标识的切换。

3．更改标识设置

更改标识设置的操作步骤如下。

（1）单击"文件"菜单中的"标识"命令，然后单击"管理标识"命令，打开如图 10-25 所示的"管理标识"对话框。

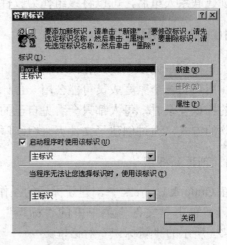

图 10-24　"切换标识"对话框　　　　图 10-25　"管理标识"对话框

（2）选择要更改的标识，单击"属性"按钮，可以更改标识名称、密码。单击"删除"按钮，可以删除该标识。

阅读资料 18——新闻组简介

新闻组有点像 BBS，但比 BBS 优越得多。现在来认识一下新闻组。

1．什么是新闻组

新闻组（Usenet 或 NewsGroup 的简称），简单地说就是一个基于网络的计算机组合，这些计算机被称为新闻服务器，不同的用户通过一些软件可连接到新闻服务器上，阅读其他人的消息并可以参与讨论。新闻组是一个完全交互式的超级电子论坛，是任何一个网络用户都能进行相互交流的工具。

2. 新闻组的优点

新闻组和 WWW、电子邮件、远程登录、文件传送同为 Internet 提供的重要服务内容之一。在国外，新闻组账号和上网账号、E-mail 账号一起并称为三大账号，由此可见其使用的广泛程度。由于种种原因，国内的新闻服务器数量很少，各种媒体对于新闻组介绍得也较少，用户大多局限在一些资历较深的老网虫或高校校园内。不少用户谈到 Internet 时，往往对 WWW、E-mail、文件下载或者 ICQ 甚至 IP 电话头头是道，但对新闻组知之甚少。新闻组是一种高效而实用的工具，它具有海量信息、直接交互、全球互连、主题鲜明等优点。

新闻组与 WWW 服务不同，WWW 服务是免费的，任何能够上网的用户都能浏览网页，而大多数的新闻组则是一种内部服务，即一个公司、一个学校的局域网内有一个服务器，根据本地情况设置讨论区，并且只对内部机器开放，从外面无法连接。下面介绍几个新闻组网址。

　　新凡：news://news.newsfan.net。
　　微软：news://msnews.microsoft.com。
　　前线：news://freenews.netfront.net。

新闻组提供了一个高效、快捷解决问题的途径，只要会用新闻组，就能向所有网上人士讨教问题，从而轻而易举地掌握很多方面的知识，给工作和学习带来极大的方便，很快提升自己的能力。由此看来，新闻组是在 Internet 上与他人沟通信息的最有力的手段。

 思考与练习 10

1. 填空题

（1）Windows 2000 内置的收发电子邮件的应用程序名称是_____。

（2）在 Outlook Express 中，接收邮件需要设置使用_____协议的服务器，发送邮件需要设置使用_____协议的服务器。

（3）Outlook Express 中用户可以添加多个邮件账户，默认的账户有_____个。

（4）使用 Outlook Express 回复邮件时，该窗口的标题自动添加标注为_____，转发邮件时，该窗口的标题自动添加标注为_____。

（5）Outlook Express 中使用_____对联系人进行管理。

2. 选择题

（1）在 Outlook Express 中设置电子邮件账户时，不需要知道的信息是（　　）。

　　A．邮件服务器的类型　　　　　　　B．账户名和密码

　　C．接收、发送邮件服务器的名称　　D．申请邮箱的时间

（2）使用 Outlook Express 发送邮件时，不需要填写的是（　　）。

　　A．收件人的电子邮件地址　　　　　B．发件人的电子邮件地址

　　C．发送时间　　　　　　　　　　　D．邮件内容

（3）使用 Outlook Express 接收邮件时，如果邮件前带有 ✉ 图标，它表示（　　　）。

　　A．该邮件已经阅读　　　　　　　　B．该邮件没有阅读

　　C．该邮件已经转发　　　　　　　　D．该邮件已经回复

（4）下列关于电子邮件的说法，正确的是（　　　）。

　　A．收件人必须有电子邮件地址，发件人可以没有电子邮件地址

　　B．发件人必须有电子邮件地址，收件人可以没有电子邮件地址

　　C．发件人和收件人均必须有电子邮件地址

　　D．发件人必须知道收件人的邮政编码

（5）用户的电子邮件信箱是（　　　）。

　　A．通过邮局申请的个人信箱　　　　B．邮件服务器内存中的一块区域

　　C．邮件服务器硬盘上的一块区域　　D．用户计算机硬盘上的一块区域

（6）某人的电子邮件到达时，若他的计算机没有开机，则邮件（　　　）。

　　A．退回给发件人　　　　　　　　　B．开机时对方重发

　　C．该邮件丢失　　　　　　　　　　D．存放在 ISP 的电子邮件服务器

3．简答题

（1）如何在 Outlook Express 中添加电子邮件账户？

（2）使用 Outlook Express 发送邮件时，抄送和密件抄送有什么区别？

（3）使用 Outlook Express 发送邮件时，如何添加附件？

（4）在 Outlook Express 中如何删除一封邮件？

（5）如何将联系人添加到 Outlook Express 通讯簿中？

（6）在 Outlook Express 中使用联系人组有什么好处？

（7）在什么情况下使用标识？

4．操作题

（1）对 Outlook Express 进行设置，添加你的全部电子邮件账户。

（2）使用 Outlook Express 给一位同学发送一封带有附件的电子邮件，并抄送或密件抄送给多位同学。

（3）接收同学的邮件，阅读后回复邮件，并转发给其他人。

（4）将你的同学、朋友、家人的电子邮件账户添加到通讯簿中。

（5）创建一个联系人组，将同学添加到该组中，然后使用该组发送一封电子邮件。

（6）创建一个标识，并使用该标识发送一封电子邮件。